Die natürliche

Verjüngung des Buchen-Hochwaldes

von

C. Frömbling,

Königlich Preußischer Forstmeister.

Springer-Verlag Berlin Heidelberg GmbH 1893

ISBN 978-3-662-32342-7 ISBN 978-3-662-33169-9 (eBook)
DOI 10.1007/978-3-662-33169-9

Sonderabdruck aus Mündener forstliche Hefte.

Vorwort.

Die vorliegende kleine anspruchslose Arbeit hat sich keineswegs zum Ziele gesetzt, ihren Gegenstand erschöpfend zu behandeln. Sie ist lediglich eine in wenigen Strichen gezeichnete Studie und giebt ausschließlich nur dasjenige wieder, was ihr Verfasser während seiner langjährigen Thätigkeit im Buchenhochwalde selber erschaut hat.

Nicht vom Katheder herab will sie belehren. Des wissenschaftlichen Kleides entbehrend, verfolgt sie den Zweck, in zwangloser Weise im Walde selber zu unterweisen und so die Erfahrungen eines einfachen Praktikers der Jugend nutzbar zu machen. Wie schwer es hält, und mit welchen Opfern für den Wald es verknüpft ist, ganz allein aus eigener Kraft heraus durch fest eingewurzelte Irrthümer oder Unerfahrenheit zur richtigen Erkenntniß sich durchringen zu müssen, hat der Verfasser aus eigenster Erfahrung zu würdigen gelernt. Möge jedem Anfänger eine derartige Aufgabe erspart bleiben!

Entsprungen der hingebendsten Liebe zur Sache, trägt dies Schriftchen hoffentlich dazu bei, dem Gegenstande weitere Liebe erwecken zu helfen, und den zu Bewirthschaftern des Buchenhochwaldes Berufenen die frohe Ueberzeugung zu verschaffen, daß ihrer die fesselndste und dankbarste Aufgabe harrt, welche dem Forstmanne überall nur gestellt werden kann.

Golchen, im Sommer 1892.

Der Verfasser.

Inhalts-Verzeichniß.

1. Der Buchen-Hochwald sonst und jetzt.

Die hohe Bedeutung, welche noch um die Mitte dieses Jahrhunderts dem Buchen-Hochwalde beiwohnte, ist seit der Zeit wesentlich gesunken. Wichtige Industriezweige, welche vordem nur Holzkohle verwendeten, sind an der Hand technischer Fortschritte zur billigeren Steinkohle übergegangen; immer weitere Kreise haben infolge der Vervollkommnung der Verkehrsmittel die Mineralkohlen sich dienstbar gemacht, und in demselben Maße dieser rapiden Entwickelung sind die Brennstoffe des Waldes bei Seite geschoben und entwerthet worden. Während die Vorfahren mit Schrecken die Zeit raschen Schrittes herankommen wähnten, in welcher der Wald den Ansprüchen zur Befriedigung des Brennbedarfes nicht mehr werde entsprechen können, leidet die Gegenwart an Ueberfluß. Die Köhler, welche keinen Verdienst mehr fanden, haben den Wald verlassen müssen, und gar manches Revier beklagt die Unabsetzbarkeit seines ehemals so begehrten Brennmaterials, dessen Preise in vielen Fällen die Werbungskosten nicht mehr decken. Die Rente der vornehmsten Quelle der Brennholzerzeugung, des Buchen-Hochwaldes ist damit im Allgemeinen um ein Wesentliches gesunken; vermehrte Nutzholzausbeute und deren Gelderträge sind auch gegenwärtig noch nicht im Stande gewesen, den Einnahme-Ausfall in Folge der Entwerthung des Brennholzes auch nur annähernd wieder auszugleichen.

Dieser Werthverschiebung entspricht die ungleiche Bedeutung, welche dem Buchen-Hochwalde vordem beigelegt wurde und gegenwärtig beigelegt wird. Ehemals war das eifrigste Bestreben darauf gerichtet, ihn in seinem vollen Umfange, auch auf schlechteren Standorten, welche nur mangelhaften Wuchs erzeugen konnten, zu erhalten, und wo sich nur irgend Gelegenheit bot, suchte man ihm weitere Gebiete, die dem Nadelholze entzogen wurden, zu erobern. Die Einmischung edler Holzarten wurde vermieden, Weichhölzer galten für Unkräuter, und wer mit Nadelholz seine Lücken auszuflicken gezwungen war, wurde als Stümper verächtlich über die Schulter angesehen. Es drängte eben Alles zu dem Ziele, dem drohenden Brennholzmangel nach Möglichkeit vorzubeugen.

Im Gegensatze zu dieser noch nahen Vergangenheit arbeitet die Jetztzeit daran, den Ueberfluß sich vom Halse zu schaffen. Der Umfang des Buchen-Hochwaldes ward und wird wesentlich verringert; wo nicht besondere Verhältnisse mitreden, tritt auf den geringeren Standorten das Nadelholz an seine Stelle, und nur noch die besseren Bonitäten sucht man ihm zu erhalten, auch dies nur unter dem Gesichtspunkte, durch umfassende Einsprengung anderer, reichlicheres und werthvolleres Nutzholz liefernder Holzarten die demnächstigen Gelderträge wesentlich und angemessen zu steigern.

Es ist einleuchtend, daß in dem Maßstabe, in welchem die Rente des Buchen-Hochwaldes gesunken, die kostenlose, natürliche Verjüngung desselben an Bedeutung hätte gewinnen müssen. Wird durch sie doch der Wirthschafter in die Lage versetzt, die Ungunst der Verhältnisse ganz wesentlich abzuschwächen und für die Buche günstiger zu gestalten. Reden doch die aufgewendeten Kulturkosten bei der Rentabilitäts-Berechnung ein gar gewichtiges Wort mit, und fällt bei der Vergleichung der Gelderträge zweier Betriebsformen gewaltig in die Wagschale, ob bei der einen keine, bei der anderen, wie bei Fichtenbeständen 60—80 Mark Kulturkosten pro Hektar aufgewendet worden sind.

Da bleibt es nun eine gewiß recht auffallende Erscheinung, daß im Gegensatze zu dieser Wahrheit, mit der Entwerthung des Buchenbrennholzes die auf dessen Erzeugung verwendeten Kosten fortgesetzt gesteigert wurden und daß der Zeitpunkt der niedrigsten Werthe mit demjenigen der höchsten Aufwendungen zusammenfällt.

In der berechtigten Voraussetzung, daß mit der steigenden Bedeutung der kostenlosen, wirklich natürlichen Buchen-Verjüngung letzterer in gleichem Maße vermehrtes Studium zugewendet und sie zu stets größerer Vollkommenheit ausgebildet worden, enttäuscht die Gegenwart. Man sollte glauben, daß auch in dieser Beziehung letztere auf einem höheren Standpunkte stehe, als die Vergangenheit, daß fortgebaut sei auf der soliden Grundlage, welche die Vorfahren geschaffen, daß an Stelle der Empirie die Wissenschaft getreten sei. Leider aber ist dem nicht so, und statt Fortschritt ist entschiedener Rückschritt zu verzeichnen. Das weite und für den beobachtenden und denkenden Forstmann so anziehende, dankbare Gebiet der natürlichen Buchen-Verjüngung liegt brach, die Wissenschaft vernachlässigt es in hohem Grade, und selten nur dringt aus ihm eine vereinzelte, kaum beachtete Stimme durch die Literatur an die Oeffentlichkeit.

Zwei Momente sind es, auf welche sich die Thatsache des Rückschrittes der Neuzeit zurückführen läßt: Einmal, die dem Buchen-Hochwalde zu Theil gewordene Mißachtung, mehr aber noch die Unkenntniß der Art und Weise, welcher die Vorfahren ihre so ungleich vollkommneren Erfolge verdankten, kürzer gesagt: Das Wollen und das Können.

Mit vollstem Rechte entzieht man die schlechten Standortsgüten, welche die Vorzeit in ihrer Sorge um den drohenden Brennholzmangel der Buche noch ängstlich erhielt, der letzteren und ersetzt diese durch leistungsfähigere Holzarten. Von solchen Verhältnissen ist hier weiter nicht die Rede. Aber auch unter solchen Umständen, welche der Buche vollkommenes Gedeihen möglichst sichern, auf den spezifischeren Buchen-Standorten will eben der Wirthschafter keine reinen Buchenbestände mehr nachziehen, will er andere Holzarten in dieser und jener Weise einsprengen. Es ist ihm gleichgültig geworden, ob die Buchen-Verjüngung überall gleichmäßig gelingt, verbliebene Lücken und Blößen sind ihm wohl gar willkommene Gelegenheit zum recht reichlichen Einbau von Nadelholz. Er nimmt nicht an, Veranlassung zu haben, die Verjüngung der Buche nach Möglichkeit der vorliegenden natürlichen Verhältnisse erstreben zu müssen, er begnügt sich eben mit dem, was hiervon der Zufall, dem er durch tüchtige Bodenbearbeitung glaubt kräftig unter die Arme greifen zu können, ihm in den Schooß wirft.

Was nun das Können anlangt, so ist es interessant zu verfolgen, wie trotz aller auf die kostenlose, natürliche Buchen-Verjüngung gebieterisch hinweisenden Umstände dieselbe so wesentliche Rückschritte hat machen können.

Um die Mitte dieses Jahrhunderts etwa begann ein neuer Geist, der Geist eines neuen Zeitalters auch in das Dunkel des deutschen Waldes zu dringen. Mit der raschen Entwickelung des Eisenbahnbaues nahmen Handel und Wandel einen ungeahnten Aufschwung und immer sich mehrende, wichtige Erfindungen trugen dazu bei, den Pulsschlag des socialen Lebens zu beschleunigen. Mit der altväterischen Gemüthlichkeit war es für immer vorbei, und hastiger jagte die

Zeit in neuen Bahnen dahin. Der Wald konnte dieser Wandlung auf die Dauer sich nicht entziehen, und rasch genug erfaßten seine in neuen Anschauungen herangebildeten Pfleger ihre Aufgabe, diesem Zeitgeiste gebührend Rechnung zu tragen. Der alte Schlendrian wurde verabschiedet, Forschung und Wissenschaft hielten ihren Einzug.

Die Produkte des Waldes stiegen von Jahr zu Jahr im Werthe, und als diese, oft geradezu sprunghafte Steigerung während eines längeren Zeitraumes anhielt, glaubte man, darin geradezu ein Naturgesetz erblicken zu müssen, welches für alle Zeiten Geltung habe. Das Ansehen des Waldes als eine vortheilhafte und durchaus sichere Kapitalsanlage mehrte sich und einer guten Verzinsung der in ihm aufgewendeten Kosten hielt man sich dauernd für völlig vergewissert. Mit der Mehrung der Einnahmen und unter dem Eindrucke der glänzenden Aussichten in die Zukunft stieg folgerichtig auch die dem Walde gewidmete Sorgfalt, aber auch die Sorglosigkeit in Bezug auf die vermehrten Geldaufwendungen. Letztere wurden für durchaus unbedenklich gehalten, wenn nur in möglichst kurzer Zeit ein guter Erfolg vor Augen lag; verschaffte sich doch die Ansicht so ziemlich allgemeine Geltung, daß die rascheste, wenn auch kostspieligste Verjüngung die vortheilhafteste sei.

Dieser intensive Verjüngungsbetrieb drängte auch im Buchen-Hochwalde das Schaffen der Natur zurück und beschränkte letztere mehr und mehr auf die Rolle, das zu entwickeln und herauszubilden, was Menschenhand säete und pflanzte. Mit Sorge sahen die Väter diesen Zeitgeist des Hastens und Drängens nach raschem Erfolge auch über den Buchen-Hochwaldbetrieb hereinbrechen. Hinweisend auf ihre langen Erfahrungen und vorzüglichen Erfolge setzten sie der neuen Richtung möglichst hartnäckigen Widerstand entgegen: es entbrannte der Kampf zwischen den Vertretern langer und denen kurzer Verjüngungszeiträume, der wirklich natürlichen und der sogenannten, thatsächlich aber überwiegend künstlichen, forcirten Verjüngung, zwischen Dunkel- und Lichtmännern, und Axt und Hacke waren die Zeichen, unter welchen sie kämpften. Kein Wunder, daß die Neuerer gar bald als Sieger auf der ganzen Linie dastanden; es war eben ein Kampf mit durchaus ungleichen Waffen, ganz abgesehen davon, daß die Besiegten die volle Zeitströmung gegen sich hatten. Rede- und schriftgewandter verstanden die Männer der neuen Richtung ihre Sache weit nachdrücklicher zu verfechten und ihre Gegner gar bald mundtodt zu machen. Das stille Wirken der Letzteren drang wenig in die Oeffentlichkeit, sie bildeten keine Schüler mehr heran, und als sie vom Schauplatze ihrer segensreichen Wirksamkeit abtraten, hatten die ausschließlich in der neuen Lehre erzogenen Nachfolger freien Spielraum. Vom Katheder aus, wie in der Literatur wurde die unanfechtbare Richtigkeit der neuen Anschauung gelehrt und die Behörden strebten dahin, letztere baldigst in die Praxis zu übersetzen. Hatte jene doch auch wirklich viel Bestechendes. An Stelle der seitherigen langen 20—30 Jahre umfassenden Verjüngungszeiträume versprachen die Lichtmänner in ungleich kürzerer Zeit zum Ziele zu führen. Die Vorbereitung durch langjährige, entsprechende Hiebsführung wurde als nebensächlich oder wohl ganz überflüssig hingestellt; an deren Stelle sollten Schlagbearbeitungen treten, denen man außer der totalen Verjüngung schon bei der nächsten Mast auch noch erhebliche Wuchsförderung des jungen Aufschlages nach- oder richtiger vorausrühmte. Statt wie seither durch die Axt, sollte von nun an durch die Hacke verjüngt werden.

Man glaubte ferner, daß bei der alten Methode der weitaus größte Theil der angesammelten, so werthvollen Humusvorräthe vergeudet werde, die intensive, rasche Verjüngung hingegen dieselben vollauf dem Jungwuchse nutzbar mache. Rasche Nachlichtungen und möglichst frühzeitige Räumung sollten Letzteren vom hemmenden Drucke befreien und das nicht mehr hinreichend zinstragende Kapital des Oberholzes zu vortheilhafterer Anlage thunlichst bald flüssig machen. Die Geldaufwendungen waren dabei keineswegs ein Stein des Anstoßes, war man doch sicher, daß die, wie man voraussetzte, naturgemäß steigen müssenden Holzpreise sie reichlich verzinsen würden.

Der Lichtungszuwachs und seine außerordentlich hohe Bedeutung gerade für den Buchen-Hochwald entzogen sich noch der Erkenntniß; ging man doch einfach von der Annahme aus, daß mit der Beschränkung der Anzahl der Individuen in gleichem Maße auch eine Verminderung der gesammten Zuwachsmasse verbunden sei und daß in dem Jungwuchse innerhalb einer gleichen Zeit weit bedeutendere Massen und Werthe heranwüchsen, wie in den vereinzelten Stämmen des Oberholzes, daß also die langsame Hiebsführung in den Verjüngungsschlägen großartige Zuwachsverluste bedinge.

Wenige Jahrzehnte erst sind seitdem dahingeschwunden, und kaum noch wird irgendwo des erwähnten Kampfes gedacht; immer tiefer in's Dunkel der Vergangenheit und Vergessenheit treten Art und Weise des Verfahrens unserer Väter und nachgerade ist dieses der Gegenwart mit einem so ziemlich undurchdringlichen Schleier verhangen. Weiß man doch kaum noch hier und dort, daß es jemals anders zugegangen ist bei der Buchen-Verjüngung, wie gegenwärtig, ist es doch dahingekommen, daß der Begriff „Vorbereitungshiebe" vielfach verwischt worden, die hohe Bedeutung der Letzteren völlig verkannt wird. Ist man doch kühn oder naiv genug, auch jetzt noch von natürlicher Verjüngung zu reden und mit ihr sich zu brüsten, wo doch die Hacke das Regiment führt und der Natur kaum noch die Rolle erübrigt, durch natürlichen Sameneinfall dem Menschenwerke zur Hülfe zu kommen. Fort mit dieser Selbsttäuschung! Wozu noch immer die Natürlichkeit unseres Verjüngungsverfahrens hervorheben und im Munde führen, da es doch nur noch künstliche Buchen-Verjüngung giebt. Es fällt hierbei doch wahrlich wenig in's Gewicht, daß vielleicht den größten Theil des Samens der Mutterbaum selber einstreut, oder die Natur es hin und wieder durch Zufall einmal zu einer etwas erheblicheren Leistung zu bringen vermag. Im großen Ganzen basirt das jetzige Verjüngungsverfahren auf menschlichem Zuthun, auf Arbeit, ist daher ein künstliches, und das alte Verfahren, welches ausschließlich nur der Hiebsführung bedurfte, steht dem als natürliches gegenüber. Warum nun bei der Hacke stehen bleiben? Weshalb nicht die letzte Consequenz ziehen und zum Pflanzspaten greifen, abtreiben und pflanzen wie bei den Nadelhölzern?

Wie in Bezug auf so manchen Fortschritt der Forstwirthschaft gingen die deutschen Kleinstaaten auch hinsichtlich der intensiveren Führung des gesammten Verjüngungsbetriebes mit gutem Beispiele voran. Ihnen standen die reichlichsten Geldmittel zur Verfügung und durften sie daher einen gewissen Luxus im Walde sich gestatten. Sie sind es gewesen, welche auch den Buchen-Hochwald zuerst mit der neuen Lehre beglückten und das Beispiel gaben, welches bald so ziemlich allgemein nachgeahmt wurde.

Wie steht es denn nun gegenwärtig um die Buchen-Verjüngungen, nachdem nahezu ein Menschenalter hindurch dieselben nach den neueren Anschauungen und Grundsätzen gehandhabt worden sind? Die überall jetzt vorliegenden Resultate gestatten ein abschließendes Urtheil, und dieses lautet leider dahin, daß die Gegenwart nicht mehr auf der Höhe der Vergangenheit steht, daß an die Stelle der Meisterschaft Flickwerk getreten ist. Die Vortheile, welche die Anhänger der neueren Methode so verlockend in Aussicht stellten, sie haben sie in keiner Richtung hin zu erreichen vermocht. Neben die dicht geschlossenen reinen Stangenorte und Altholzbestände, die kostenlosen Gründungen der Vorfahren, stellten sie die eigenen kümmerlichen Leistungen, welche trotz aller auf sie verwendeten Kosten mit jenen doch keinen Vergleich auszuhalten vermögen. Große Flächen guter Standorte sind unter ihrer hastig zufahrenden, ungeschickten Hand der Buche auch in den Fällen verloren gegangen, in denen man die Buchen-Nachzucht sich vorgesetzt hatte und mit allem Eifer erstrebte. Nadelhölzer mußten an die Stelle treten und die unwillkommenen Blößen decken: ein vollgültiges Armuthszeugniß der Gegenwart. Statt der reinen Bestände nunmehr ein planloser, vom Zufalle beherrschter Mischmasch, den wir nachgerade als eine Naturnothwendigkeit hinnehmen und der wohl gar als ein erstrebenswerthes Ziel hingestellt wird, über dessen Zukunft wir uns freilich keine grauen Haare wachsen lassen, dessen demnächstige Bewirthschaftung aber den Nachkommen wohl gar arges Kopfzerbrechen verursachen wird.

Anstatt die Bodenkraft im Vergleiche zu früher in höherem Grade zu erhalten oder auszunutzen, wird sie vergeudet, und die Vortheile des Lichtungszuwachses, welche vordem, wenn auch unbewußt, im vollen Maße ausgenutzt wurden, finden nicht die ihnen gebührende Würdigung und Berücksichtigung und gehen mehr oder minder verloren.

Die ärgste Enttäuschung aber wurde der Voraussetzung bereitet, daß auch die Brennholzpreise steigende bleiben müßten, daß daher die auf die Buchen-Verjüngung verwendeten Kosten von nur untergeordneter Bedeutung seien. Wohin sind wir in dieser Beziehung gekommen! Nun, von dem Wahne, daß die auf die Buchen-Nachzucht verwendeten Kosten eine sich gut verzinsende Kapitalsanlage seien, haben uns die seit längerer Zeit schon und in vielen Gegenden außerordentlich tief gefallenen Brennholzpreise nachgerade recht gründlich geheilt[1]).

Wie erklärt es sich nun, daß trotz aller auch im Culturbetriebe

[1]) In der Oberförsterei Höven z. B., Reg.-Bez. Aachen, sanken innerhalb des Zeitraumes von 5 Jahren die Preise für Buchen-Scheitholz von 7 auf 1,8 Mk. trotz umfassender Wegebauten.

wieder mehr sich geltend machenden Ersparungs-Bestrebungen dennoch so vielfach in der neueren, kostspieligen Weise im Buchen-Hochwalde weiter verjüngt wird? Einfach aus dem Grunde, weil es für eine Nothwendigkeit gehalten wird. Der Buchen-Hochwald soll, wenn auch im beschränkteren Umfange, forterhalten werden; ohne erhebliche Aufwendungen für Bodenbearbeitung geht dies nicht, folglich ergiebt man sich ruhig in dies freilich nicht angenehme Schicksal. Aber dies Fatum ist ein eingebildetes, es besteht nicht. Wollte man diesem Satze entgegenhalten: aber trotz aller auf sie verwendeten Anstrengungen und Kosten bleiben unsere Verjüngungen schwierig und lückenhaft, wie viel mehr noch, wenn wir die Hände ruhig in den Schooß legen! so ist dem zu erwidern: gerade weil der Natur Gewalt angethan wird, versagt sie in diesem Falle ihre Gunst. Nach allen möglichen Ursachen, denen die Mißerfolge in die Schuhe geschoben werden könnten, wird mit Eifer gesucht; aber was da herangezogen wird, sind fadenscheinige Lappen, mehr geeignet, die Blicke auf unsere Blößen zu lenken, als diese zu verdecken. Die Wahrheit des Satzes bleibt trotz alledem bestehen, daß, wo geschlossene Buchenbestände unter normalen Verhältnissen gegeben sind, sich auch wieder vollkommene Verjüngungen auf natürlichem Wege erreichen lassen. Suchen wir nur den verlorenen Faden wieder auf, treten wir zurück in die Fußstapfen der Väter, in diesem Falle ist Umkehr kein Rückschritt, sondern Fortschritt in jeder Beziehung. Dann, wenn der Segen, welcher auf der Arbeit der Väter ruhte, auch unser Walten krönt, wird eine höhere Befriedigung unser Herz erfüllen und innigere Liebe zum Werke. Alsdann wird dem Buchen-Hochwalde, der schönsten Zier der deutschen Wälder, wieder sein volles Recht werden, und das niederdrückende Gefühl, welches gegenwärtig bei den trotz allen Abmühens so mangelhaften Erfolgen doch wohl die Brust des Wirthschafters beengen muß, wird von uns genommen. Dann dürfen auch wir dereinst die Hände zur Ruhe legen in dem befriedigenden Bewußtsein, als gute Haushälter und fürsorgliche Väter das auf uns überkommene Erbtheil ungeschmälert den Nachkommen überliefert zu haben.

Freilich, mit Schablonen-Wirthschaft nach bestimmten Recepten ist es nicht gethan, und wer nicht Lust und Liebe zur Sache mitbringt, wer nicht unausgesetzt seine Schläge im Auge hat und auf den Pulsschlag der Natur zu achten versteht, der schwinge ruhig die

Hacke weiter, er wird damit immerhin doch etwas zu erreichen vermögen. Lust und Liebe zur Sache aber werden nur dem beiwohnen, der seiner Aufgabe gewachsen ist, und sie mit sicherer Hand und des Erfolges gewiß anzugreifen vermag. Wer unkundig an sie herantritt und von vornherein und fortgesetzt nur Mißerfolge erzielt, wird gar bald gleichgiltig und mißmuthig in das eingebildete Schicksal sich ergeben und die Dinge eben gehen lassen, wie sie wollen. Nicht als Neuling sollte daher der Buchenzüchter an seine Aufgabe herantreten, vielmehr wenigstens soweit im Buchen-Hochwalde vorgebildet sein, daß er die bedingenden Umstände der natürlichen Verjüngung richtig zu beurtheilen vermag. Hierfür aber hat die Erziehung zu sorgen. Die natürliche Verjüngung — und in dieser liegt zweifellos eine gar wesentliche Bedeutung für die ganze Buchenwirthschaft — hat trotz ihrer Natürlichkeit so manches Besondere, daß die in anderen Betriebsformen gemachten Studien und Erfahrungen sich in ihr nicht verwerthen lassen. Nur Demjenigen sollte daher der Buchen-Hochwald zur selbstständigen Bewirthschaftung anvertraut werden, der bereits in der Lehrzeit mit ihm sich hat bekannt machen können und ferner Gelegenheit suchte und fand, in seiner späteren Vorbereitungszeit an der Hand eines erfahrenen Buchenzüchters eingehende Studien zu machen. Akademische Vorträge vom Katheder herab allein bilden keinen tüchtigen Buchenzüchter heran.

Zur Erörterung der Frage: ob es denn wirklich gerathen erscheine, den Buchen-Hochwald in ausgedehntem Umfange zu erhalten, und wirklich nöthig, über Buchen-Nachzucht den Kopf sich zu zerbrechen, noch einige Worte.

Noch nicht lange, etwa 50 Jahre, liegt die Zeit hinter uns, da war jede Hainbuche, Birke und Aspe in Buchen-Stangenorten ein Stein des Anstoßes. Unnachsichtig wurden diese Eindringlinge beseitigt, auch dann, wenn an ihrer Stelle nur kümmerlicher Buchenwuchs zu ermöglichen war. Die drohende Brennholznoth stellte der Buche ja goldene Berge in Aussicht, während jene Holzarten doch gar keine Zukunft hatten: sie waren eben nur lästige Unkräuter im edlen Weizen, die möglichst bald und gründlich beseitigt werden mußten. Ja selbst die Eiche, die damals doch gleichfalls in hohem Ansehen stand, sah man mit scheelen Augen an und schob sie zur Seite. Aus der Zeit des Brennholznoth-Gespenstes stammen die auf uns überkommenen eichenleeren Buchenbestände mittleren Alters, während den Altholzbeständen noch manche schöne Eiche beigemischt ist.

Und jetzt? Freilich, die Brennholznoth ist wirklich da, leider aber und doch glücklicherweise in der von den Vorfahren gefürchteten ganz entgegengesetzten Beziehung, und die Parias der Vergangenheit würden, wären sie nicht menschlicher Kurzsichtigkeit zum Opfer gefallen, aus dem Dilemma der schlechten Rentabilität des Buchen-Hochwaldes uns haben erretten können. Die Verhältnisse gestalteten sich also gerade umgekehrt, wie ehemals nach allem Ermessen zu erwarten stand.

Welche Lehre können wir hieraus ziehen? Eben die, daß auch dem Forstmanne der Blick in die ferne Zukunft verschlossen bleibt, daß für letztere auf die Gegenwart keine annähernd zuverlässigen Schlüsse sich aufbauen lassen. Und dennoch, trotz aller jener Erfahrungen stehen wir wieder oder vielmehr immer noch auf dem alten Standpunkte und glauben, einen klaren Blick hinter den Schleier der Zukunft thun zu können und gethan zu haben. Sind wir doch überzeugt, daß der Buchen-Hochwald niemals zu höherer Bedeutung wieder sich aufschwingen wird, daß seine vornehme Rolle ausgespielt ist. Er gilt nachgerade für ein untergeordnetes Glied in der Kette forstlicher Wirthschaft oder als ein Mittel zur Erreichung anderer Ziele, und demgemäß wird er behandelt. Wir lachen oder fluchen wohl auch über den Wahn der Vorfahren und, indem wir erhaben auf ihre kindliche Vorstellung vom Laufe der Dinge herabblicken, treten wir genau in ihre Fußstapfen und ahmen ihr verhöhntes Beispiel in Bezug auf die Beurtheilung der fernen Zukunft getreulich nach.

Wer denn darf sich wohl unterfangen, zu behaupten: Der Buchen-Hochwald hat keine Zukunft mehr! Wer will ermessen, welchen Wandlungen die Bedingungen des menschlichen Daseins bis zu der Zeit unterworfen sein werden, in der unsere Saat zur Ernte herangereift ist! Wir Forstmänner sind nicht in der glücklichen Lage des Landwirthes, der da auch ernten kann, wo er gesäet hat; was wir ernten, schlug in ferner Vergangenheit seine ersten Wurzeln, und was wir säen und pflanzen, reift einer späten Nachwelt zu. Die Zeiträume, mit denen der Forstmann zu rechnen hat, sind zu große, als daß er wagen dürfte, seine Wirthschaft nach den jeweiligen Konjunkturen zu modeln; Spekulationen auf die ferne Zukunft sind nicht seine Aufgabe. Er genügt seiner Pflicht, wenn er diejenigen Holzarten nachzieht, welche die Standortsverhältnisse ihm vorschreiben, und dies unter Aufwendung möglichst geringer Mittel in vollkommenster Weise erreicht.

Und nun die Frage: sind denn auch in der Gegenwart die Aussichten der Buchen-Verwerthung noch immer so trostlose? Doch wohl kaum; dämmert doch schon jetzt eine bessere Zukunft dem Buchen-Hochwalde herauf. Ueberall regt und mehrt sich die Nachfrage nach Nutzholz, und dessen Ausbeute findet nur noch an der Beschaffenheit des eingeschlagenen Materials ihre Grenzen. Und wenn auch die gegenwärtigen Nutzholzpreise noch sehr viel zu wünschen übrig lassen, mit der Auffindung eines jeden neuen Verwendungszweckes müssen die Werthe steigen. Daß wir in dieser Beziehung erst im Anfange stehen, bedarf kaum der Erwähnung. Der nicht rastende Erfindungsgeist, welcher nachgerade jeden in hinreichender Menge vorhandenen Rohstoff der Industrie nutzbar zu machen versteht, wird zweifellos auch noch weiter der Produkte des Buchen-Hochwaldes sich annehmen. Blickt man zurück in die Vergangenheit, in die Zeit, in welcher die Weichhölzer die Rolle lästiger Unkräuter spielten, und vergleicht hiermit ihr jetziges Ansehen, so wird man sich über die Zukunft der Buche völlig beruhigen dürfen. Mit der Steigerung der Nutzholz-Ausbeute und der dementsprechenden Verminderung der Brennholzmengen wird eine vortheilhaftere Verwerthung auch dieser zweifellos Hand in Hand gehen.

Es gibt ja Verhältnisse, unter denen die Aussichten auf bessere Zeiten vollständig ausgeschlossen erscheinen. In der Nachbarschaft der Kohlenreviere wird die Buchen-Nachzucht eine um so unvortheilhaftere sein, als im Gegensatze zu ihr die rasch zu den erforderlichen Nutzholz-Stärken heranwachsenden Nadelhölzer stets einen kaum zu befriedigenden Markt finden. Die den Stangenorten zu entnehmenden Grubenhölzer können der Rentabilität des Buchen-Hochwaldes unter solchen Umständen nicht aufhelfen. Da mag es gerechtfertigt erscheinen, auch selbst auf besseren Standorten die Nachzucht der Buche einzuschränken. Faßt man nun alle die rathsamen und nothwendigen Beschränkungen des Buchen-Hochwaldes, wohin an erster Stelle die Zurückziehung vom schlechteren, dem Nadelholze gebührenden Standorte zu rechnen ist, zusammen, so ergibt sich daraus für die Buche ein Gesammt-Flächenverlust, welcher auch seinerseits entschieden darauf hinweist, unter günstigeren Verhältnissen den Buchen-Hochwald in vollem Umfange zu erhalten.

Aber nicht allein die berechtigte Hoffnung auf eine pekuniäre Zukunft soll maßgebend sein für die volle Erhaltung der Buche in den angedeuteten Grenzen, auch noch andere gewichtige Gründe reden dem entschieden das Wort. Der Buchen-Hochwald ist, wie in annähernd gleichem Maße keine andere Betriebsform, der Erhalter und Mehrer der Bodenkraft; er ist der Erzieher so mancher andern werthvollen Holzart, die nirgendwo rascher zu gleicher Vollkommenheit heranwächst, als in seinen beschirmenden Armen, an seinem so reichlich gedeckten Tische. Ihm drohen die wenigsten Gefahren, und er bildet in vielen Fällen den Damm, welcher andere Holzarten gegen das Ueberfluthen jener wirksam zu schützen vermag.

Welche Zukunft nun der Buche gegenüber haben die Nadelhölzer? Sind wir wirklich zu der Annahme berechtigt, daß sie für alle Zeiten ihre pekuniäre Ueberlegenheit bewahren werden? So sehr auch im Allgemeinen die Neigung dahin gehen wird, letztere Frage zu bejahen, so gerechte Zweifel dürften dem entgegengesetzt werden. Man tröstet sich damit, das Ausland werde bald abgewirthschaftet haben und alsdann das in fortdauernd steigendem Maße herangezogene eigene Produkt den inländischen Markt allein zu versorgen haben. Das aber ist ein unsicherer Wechsel, gezogen auf eine Jahrhunderte ferne Zukunft. Es bleibt dabei auch zu berücksichtigen, daß unsere Nadelhölzer die ausländischen für viele Zwecke gar nicht zu ersetzen vermögen und namentlich, daß die Güte der auf besseren Buchen-Standorten erwachsenen Nadelhölzer stets eine geringe und dementsprechend niedrige Preise bedingende sein wird.

Den vorhin kurz hervorgehobenen gewichtigen realen Lichtseiten des Buchen-Hochwaldes treten ideale beredt zur Seite; auch sie sind nicht gering zu achten und verdienen volle Würdigung. Bietet uns die Jahrhunderte alte Eiche das Bild der trotzig widerstehenden, sich geltend machenden Kraft, so der Buchen-Hochwald dasjenige der Lieblichkeit und Erhabenheit. Er ist der Tempel des Waldes, dessen kühle, hohe Säulenhallen das Gemüth emporheben und reinigen vom Staube des Hastens und Jagens im Kampfe ums Dasein. Seine dunkelen Schatten gewähren unvergleichliche Erquickung, und sein reiner Odem läßt die Brust sich weiter dehnen und tiefer aufathmen. Der Buchen-Hochwald vertritt die Gothik unter den mancherlei Baustilen des Waldes. Hüten wir uns, durch pfuscherhafte Zuthaten die Reinheit desselben ungebührlich zu entweihen; Mit- und Nachwelt würden den schlechten Baumeistern wenig Dank schulden.

2. Die Vorbereitung.

Der Buchen-Hochwald ist die konservativste aller Betriebsformen. In Erzeugung reicher Laubmassen kommt ihm keiner gleich, und sein dichter Schluß und die dadurch bewirkte unvergleichliche Beschattung schützen die Abfälle gegen zu rasche Zersetzung und Aufzehrung durch begehrliche Unkräuter oder atmosphärische Einflüsse. Als guter Haushälter verbraucht er ein geringeres Humusquantum, als er dem Boden wieder zuführt, somit von Jahr zu Jahr größere Vorräthe ansammelnd, damit den Boden bereichernd und gleichzeitig die Bodenfrische erhaltend und fördernd.

Diese hochschätzbaren Eigenschaften des Buchen-Hochwaldes: dunkele Beschattung bis in's hohe Alter hinein und Humusreichthum, welchen als dritte noch das bedeutende Schattenerträgniß der jugendlichen Buche sich hinzugesellt, sind die wichtigsten Faktoren der natürlichen Verjüngung und weisen in Bezug auf letztere dem Buchen-Hochwalde unter allen Hochwaldarten die erste Stelle an, denn bei keiner andern Holzart treffen jene Vorzüge in gleich vollkommenem Maße zusammen.

Aber nicht in dem hohen Maße, in welchem jene Faktoren im noch geschlossenen Buchen-Hochwalde vorliegen, sind sie der natürlichen Verjüngung förderlich, im Gegentheile vielmehr die wesentlichsten Hemmnisse. Derart die zu dunkele Beschattung in angemessener Weise zu regeln, die zu reiche Humusdecke zurückzuführen und solchergestalt umzuwandeln, daß beide aus den entschiedensten Hindernissen der natürlichen Verjüngung zu den dieselben bedingenden Faktoren umgestaltet werden, ist eben der Zweck der Vorbereitung.

Noch ein anderes Ziel kann die Vorbereitung möglicherweise erstreben: Die Heranbildung zu junger, noch nicht fruchtbarer Bestände zu frühzeitiger Samen-Erzeugung. Die Fälle aber, in denen derartig unreife Bestände zur Verjüngung gelangen, sind an und für sich schon selten; sie treten in Zukunft noch mehr in den Hintergrund, seitdem in der Neuzeit die Durchforstungen nach anderen Gesichtspunkten gehandhabt werden. Eine derartige Bestandeserziehung ist künftig nicht mehr eine Aufgabe der Vorbereitung, sondern frühzeitiger und hinreichend kräftiger Durchforstungen. Jener mögliche Zweck der Vorbereitung bedarf hier daher keiner weiteren Berücksichtigung.

Als größtes Hinderniß der natürlichen Verjüngung des noch geschlossenen Buchen-Hochwaldes ist dessen Rohhumusdecke anzusehen. Giebt es Ausnahmefälle, in denen selbst bei reichlicher Beschattung kräftiger Aufschlag erscheint und längere Jahre hindurch sich entwickelungsfähig zu erhalten vermag, so doch keine solche, in welchen selbst bei reichlichem Lichteinfalle die intakte Humusdecke ein Gleiches zuließe. Durch den Zustand der letzteren also wird in erster Reihe das Mißrathen oder Gelingen der natürlichen Verjüngung bedingt, und ihre Verwandlung in einer die Erhaltung und das Gedeihen des Aufschlages sichernden und fördernden Weise ist daher die vornehmste Aufgabe der Vorbereitung. Diese tritt um so mehr in den Vordergrund, als zu ihrer Lösung die Erreichung des anderen Zieles: Ermäßigung und Regelung der Beschattung, als geeignetstes, sicherstes Mittel gegeben ist.

Es liegt auf der Hand, daß die starken Laubschichten des geschlossenen Buchen-Hochwaldes schon dadurch die Verjüngung unmöglich machen, daß sie dem Aufschlage das Eindringen seiner Bewurzelung in den Mineralboden verwehren, ohne die Erhaltung und Weiterentwickelung desselben auf eigene Rechnung übernehmen und durchführen zu können. Aber in diesem mechanischen Hindernisse liegt keineswegs der alleinige, ja nicht einmal ein wesentlicher Grund des Mißlingens; durch Forträumung der Humusdecke bis auf den Mineralboden ließe sich hier leicht Abhilfe schaffen. Jedoch, ganz abgesehen davon, daß damit ein anderes, weit schwieriger zu überwindendes Hemmniß der Verjüngung, das Austrocknen und Erhärten des Bodens heraufbeschworen werden würde, der tiefer liegende und ungleich bedeutungsvollere Grund bliebe dadurch völlig unberührt. Entgegengesetzten Falles müßte die moderne Wirthschaft ja auch stets vollen Erfolg haben. Betreten wir einen ihrer Schläge, um darin unsere Beobachtungen anzustellen.

Der Ort ist erst vor wenigen Jahren angehauen worden, die naturgemäße Vorbereitung demgemäß in geringem Maße vorgeschritten; nur hin und wieder zeigen sich die ersten dürftigen Spuren der Schlagvegetation. Jetzt tritt volle Mast ein, dem Wirthschafter keineswegs zu früh zur Ausnutzung derselben für seinen unvorbereiteten Schlag.

Die mangelnde natürliche Vorbereitung glaubt er nicht allein ersetzen, vielmehr noch übertreffen zu können durch seine Bodenbearbeitung. Streifenweis wird die Laubdecke zur Seite geschoben, alsdann der Boden tüchtig durchhackt, so daß die einfallenden Bucheln ein scheinbar durchaus geeignetes Keimbett finden und im kommenden Frühling der Aufschlag zur kräftigen Bewurzelung in lockerem mineralischen Boden befähigt wird. Im Verlaufe des ersten Jahres läßt der Erfolg vielleicht nichts zu wünschen übrig, dann aber zeigt sich auffallender Eingang. Der zu starken Beschattung wird die Schuld beigemessen und demgemäß tüchtig nachgelichtet. Aber dem Verderben ist damit nicht Einhalt gethan, es schreitet unaufhaltsam fort, und im vierten oder fünften Jahre nach der Ansamung ist der ganze Segen dahin, und rathlos steht der Wirthschafter vor dem Grabe seiner Habe. Die nächst eintretende Mast findet den Schlag vielleicht ebenfalls noch in einem unvollendeten Zustande der naturgemäßen Vorbereitung, und abermals wird zur Hacke gegriffen, ganz mit demselben Mißerfolge. Allmählich dann überzieht sich der Boden mit einer tüchtigen Vegetation, und siehe da, nach der dritten Ansamung zeigt sich gerade zwischen den bearbeiteten Streifen der kräftigste Aufschlag, dessen dauernde gedeihliche Entwickelung fernerhin nichts mehr zu wünschen übrig läßt. In so vielen Fällen wird erst dann die Verjüngung anschlagen und ihre Zukunft völlig gesichert sein, wenn der an ihr verzweifelnde Wirthschafter schon zur Räumung und Fichtenanbau greift. Diese Vorgänge sind derartig gewöhnlich, daß sie sich der Aufmerksamkeit einfacher Waldarbeiter nicht haben entziehen können. Hört man sie doch oft genug sich dahin äußern: ja, von den ersten beiden Ansamungen bleibt nie etwas, erst die dritte schlägt an.

Worin nun ist der Ursprung dieses bisher räthselhaften Eingehens selbst des mehrjährigen Aufschlages in auf natürlichem Wege nicht genügend vorbereiteten Schlägen zu erblicken? Sicherlich nicht in den physikalischen Eigenschaften der Humusdecke, nicht darin, daß, wie der gewöhnliche Ausdruck lautet, der Boden sich noch nicht gehörig „gesetzt" hat. Diesem Uebelstande ist durch die Bodenbearbeitung doch gründlich genug entgegengearbeitet worden! Der Grund liegt tiefer, er ist zu suchen in den chemischen Eigenschaften des mit den Produkten der Humuszersetzung geschwängerten Bodens. Die Wissenschaft vermag hierüber leider noch keine Aufklärung zu geben, und so bleibt dem Praktiker überlassen, die Sache nach Maßgabe eigener Erfahrungen und Beobachtungen sich selber zurecht zu legen. Irrt er dabei in diesem oder jenem Punkte, so mögen die Gelehrten die Verantwortung tragen.

Die Humuszersetzung erzeugt verschiedene Säuren, welche sich in um so höherem Grade im Boden anhäufen und erhalten werden, je größer und konstanter die Abfälle sind, welche den Boden bedecken, und je wirksamer der Kronenschluß die letzteren gegen die Einwirkungen der Atmosphärilien schützt, je weniger überhaupt die Verhältnisse die Zersetzung begünstigen. In keiner Betriebsform treffen diese Voraussetzungen in gleichem Maße zu, wie im Buchen-Hochwalde.

Es dringen diese Säuren nicht eben tief in den Boden ein und dürften vornehmlich nur in der durch Humussubstanzen dunkler gefärbten oberen Bodenschicht zu finden sein. Sobald die Buche in fortgeschrittener Entwickelung ihre Nahrung aus größerer Tiefe bezieht, vermag der Säuregehalt des Bodens auf ihr Gedeihen nicht mehr störend einzuwirken; um so rettungsloser unterliegt sie demselben in den ersten Jugendjahren, in welchen sich ihre Bewurzelung und Ernährung ausschließlich auf die säurehaltige obere Bodenschicht beschränken muß.

Die Richtigkeit der Ansicht nun, daß es eben nur die Humussäuren (oder sonstige Zersetzungsprodukte?) sind, welche die Verjüngung nicht gehörig vorbereiteter Schläge regelmäßig vereiteln, findet in vielfachen Erscheinungen ihre Bestätigung.

Der Buche ist bekanntlich eine Pfahlwurzel nicht eigen, in entsprechend tiefgründigem Boden bringt sie es zu einer Herzwurzel und vermag auch diese unbeschadet ihres vollkommenen Gedeihens zu entbehren und mit einem Wurzelsysteme gleich demjenigen der Fichte sich zu behelfen, wenn ihr solches durch die Verhältnisse, wie z. B. flachgründigen, rissigen Kalkboden geboten wird. Da bleibt es eine gewiß auffallende Erscheinung, daß ganz im Gegensatze zu diesem späteren Verhalten gerade in den ersten Lebensjahren die Buche eine ausgeprägte Neigung zur Bildung einer kräftigen Pfahlwurzel zeigt und darin der Eiche, Kiefer, Lärche 2c. nicht nachsteht. Erst alsdann, wenn der reine Mineralboden erreicht ist und in ihm Seitenwurzeln in hinreichendem Maße sich zu entwickeln vermögen, hört diese Neigung plötzlich und vollständig auf. Die Buche theilt dies Verhalten mit keiner anderen Holzart, es ist ein ihr eigenthümliches. Da die obere Bodenschicht der jungen Pflanze vorerst nicht zusagt, sucht die Natur sie über deren Unzuträglichkeiten und Gefahren durch den Gang der Entwickelung möglichst rasch hinweg zu bringen.

Einen directeren Beweis liefern die Mißerfolge der üblichen Bodenbearbeitung. Diese entfernt nicht die säurehaltige Bodenschicht, sie kehrt dieselbe nur nach unterst und vergrößert hierdurch wohl gar noch die Gefahr. Erst dann kann die Hacke über letztere hinweghelfen, wenn sie jene Schicht vollständig beseitigt; in dem auf solche Art freigelegten reinen Mineralboden hält und entwickelt sich die junge Buche in erfreulichster Weise. Schade nur, daß eine derartige tief eingreifende Schlagbearbeitung eine zu kostspielige Maßregel ist, als daß sie bei der Verjüngung in Betracht gezogen werden könnte. Sie allerdings, aber auch sie allein wäre das Mittel, welches, soweit allein die Sicherung der Zukunft des Aufschlages hierbei in Frage steht, die naturgemäße Vorbereitung entbehrlich machen könnte.

Eine der letzterwähnten Erscheinung gleiche Wahrnehmung führt jeder Wegebau innerhalb herangewachsener Buchenbestände vor Augen. Freudiges Gedeihen des Aufschlages auf dem rohen Mineralboden der Aufträge, Böschungen und Grabensohlen, baldiger Eingang auch bei vollem Lichtgenusse unmittelbar nebenbei auf den unberührt gebliebenen Flächen.

Wie keine andere Holzart leidet trotz kräftiger Pfahlwurzel in den ersten Lebensjahren die Buche unter den Einwirkungen selbst kurz vorübergehender Hitze und geringfügiger Trockenheit, dies aber auch nur auf humussäurehaltigem, keineswegs auf reinem Mineralboden. Wenige heiße, sonnige Tage reichen hin, um unter dem jungen Aufschlage die ärgsten Verwüstungen anzurichten, während andere Holzarten mit entschieden flacherer Bewurzelung, wie z. B. Fichten-, Ahorn- und Birken-Anflug davon gänzlich unberührt bleiben. Es liegt hier eben kein absoluter, sondern ein relativer Mangel an Feuchtigkeit vor, unter welchem der jungen Buche die Humussäure in für sie zu koncentrirter Form zugeführt wird. Daß andere Holzarten unter gleichen Umständen sich weit günstiger verhalten und sich völlig widerstandsfähig zeigen, beweist eben nur ihre Unempfindlichkeit gegen jene, die junge Buche schädigenden Einflüsse.

Unter Eichen und Kiefern höheren Alters schlägt Buchensaat stets mit großer Sicherheit an, weil sie hier in Folge undichteren Schlusses und geringerer Beschattung die Atmosphärilien freieren

Zutritt zum Boden finden und die Zersetzung der an und für sich schon geringfügigeren Humusmassen rascher fördern.

Schließlich sei noch auf die Art und Weise des Eingehens des jungen Buchen-Aufschlages hingewiesen. Das Absterben ist ebenfalls ein durchaus eigenthümliches und deuten die dabei auftretenden Erscheinungen ebenfalls auf erhebliche Unzuträglichkeiten in der Ernährung hin. Häufig vertrocknen schon im ersten Jahre bei unbedeutenden Trockenheitsgraden in den Schlägen massenweis die Blätter, und die weitere Entwicklung stockt; zur Bildung neuer Blätter und Blattknospen vermag sich das Pflänzchen nicht aufzuschwingen. Dabei bleiben Wurzeln und Stamm vielleicht noch bis ins nächste Jahr hinein saftig und grün. Es ist vorerst ein Scheintod, dem völliges Absterben demnächst unausbleiblich folgt. Bei der Mehrzahl des Aufschlages aber stellt sich das Uebel erst in den nächstfolgenden Jahren ein. Scheinbar vollkommen gesund und lebensfähig tritt das Stämmchen in den Frühling; die kräftige Wurzel haftet fest im Boden, die Knospen hat der Herbst normal ausgebildet, und nichts verräth dem Auge das geringste Krankheitssymptom. Und dennoch trägt das Pflänzchen den Tod bereits im Herzen. Die Knospen vermögen nicht sich zu entfalten, und ohne irgend eine weitere Lebensäußerung steht es mit grüner Rinde und Wurzel vielleicht noch ein volles Jahr lang da, um dann von oben herab ganz allmählich vollständig abzusterben.

Daß die Vernichtung nicht gleichzeitig und gleichmäßig den ganzen Aufschlag trifft, vielmehr durch Jahre hin ihre Opfer scheinbar willkürlich sich auswählt, ist keineswegs ein Beweis gegen die ausgesprochene Ansicht, daß in der Humussäure der Grund des Uebels zu suchen sei, dient ihr vielmehr zur ferneren Bestätigung. Es ist einleuchtend, daß der Eingang in dem Maßstabe sich einstellen wird, in welchem die schädlichen Stoffe in zu großer Menge oder zu koncentrirter Form dem Organismus zugeführt werden. Hierbei aber wirken viele verschiedenartige Faktoren mit: absolute Säurenmenge, Feuchtigkeitsgrad des Bodens und der Luft, Schatten, Sonnenschein und Verdunstung. Ungleich, wie die einzelnen Faktoren zeitlich und örtlich auftreten, zusammenwirken und die einzelnen Pflänzchen treffen, wird auch der Eingang sich einstellen: um so schleuniger und umfassender, je weniger der Schlag in der natürlichen Vorbereitung vorgeschritten ist, je trockener die Witterung, je mehr der Boden zum Austrocknen neigt, und je geringer in diesem Falle die Beschattung. Gleichmäßig nasse Vegetationsperioden, gleichmäßige erhebliche Bodenfrische und tüchtige Beschattung vermögen auch in ungenügend vorbereiteten Schlägen den Aufschlag Jahre lang hinzuhalten, wie z. B. die Mast von 1888 in den folgenden drei nassen Jahren.

Wenn gegen die oben ausgesprochene Ansicht eingewendet werden sollte: es sei nicht anzunehmen, daß die Buche die merkwürdige Eigenthümlichkeit besitze, in der ersten Jugend gegen Zersetzungsprodukte der eigenen Abfälle empfindlicher zu sein, wie irgend eine andere Holzart, während sie in späteren Jahren jene Produkte zu ihrem vollen Gedeihen nicht entrathen kann, so ist dem zu erwidern, daß ähnliche Erscheinungen ja keineswegs so selten sind. Giebt es doch vielfach Stoffe, welche nur auf einen bestimmten Organismus verderblich einzuwirken vermögen. Wie dem nun auch sei, von der Wissenschaft muß erwartet werden, daß sie sich des hochbedeutsamen Gegenstandes annimmt und Aufklärung giebt über Erscheinungen, deren völlige Ergründung dem Praktiker versagt bleiben muß.

Kann somit durch die Bodenbearbeitung das wesentlichste Hinderniß der natürlichen Verjüngung nicht aus dem Wege geräumt werden, so muß die Hacke der Axt wieder das Feld räumen.

In dem Maße, wie die Beschattung zurückgeht, schwindet auch die Humusdecke dahin; der Laubabfall wird vermindert, der Zersetzungsproceß beschleunigt. Kahlhiebe beseitigen jene und ihre die Verjüngung gefährdenden Produkte in kürzester Zeit, Lichtungen in um so allmählicherer Weise, je schwächer und langsamer sie geführt werden. Bestände die Aufgabe der Vorbereitung allein darin, den Rohhumus und seine Produkte baldigst zu beseitigen, so wäre die rasche, scharfe Hiebsführung gerechfertigt. Sie hat aber noch andere gewichtige Gesichtspunkte zu berücksichtigen, denen letztere nicht gerecht zu werden vermag.

Zunächst sei auf die Gefahren der zu energischen Hiebsführung hingewiesen. Sie hat in erster Reihe leicht das Verwehen, Auslaugen und Vertrocknen des Rohhumus zur Folge, verhärtet den Boden und ruft auf diese Weise einen Bodenzustand hervor, wie er ungünstiger für die natürliche Verjüngung nicht geschaffen werden kann. Derartig mißhandelte Flächen legen durch dürftige Flechten- und Moosüberzüge Zeugniß ab für den hohen Grad ihrer Verarmung; jeder höheren Vegetation bleiben sie während längerer Jahre unzugänglich und nur allmählich erst dringen von den Rändern her anspruchslose Gräser oder Haide herein, lockern den Boden wieder, geben ihm einen höheren Grad von Frische zurück und befähigen ihn damit wieder zur Erzeugung des Holzwuchses.

Nicht aufheben oder stören sollen die Lichtungen den Zersetzungsproceß, welcher ja auch unter voller Beschattung, wenn auch zu langsam für die Zwecke der Verjüngung, vor sich geht, sondern fördern und beschleunigen in einer für die vorliegenden Verhältnisse geeigneten Weise. Das ist das unabweisbare Gesetz, nach welchem der Wirthschafter seine Hiebsführung von Anbeginn an zu handhaben hat.

Aber noch eine andere große Gefahr liegt vor: durch zu starke Lichtungen begiebt sich der Wirthschafter der Macht über seine Schläge und wird er zum Spielballe des Zufalles. Schlägt die Ansamung wiederholt fehl und stellen die Masten nur in großen Zwischenräumen sich ein, so ist gründliche Verwilderung die Folge. Anstatt der so gewichtigen Wohlthaten der guten Schlaggewächse theilhaftig zu werden, wird den verderblichen Unkräutern freier Zutritt verschafft, deren völliges Ueberwuchern des Bodens gar bald der natürlichen Verjüngung ein energisches Halt gebietet.

Der weitaus verderblichste aller Buchen-Schädlinge ist Strophosomus coryli. Er benagt die Rinde des Aufschlags bis zu mehrjährigem Alter und vernichtet sehr häufig die reichste Ansamung. Zweckmäßige Vertilgungsmittel giebt es nicht, wohl aber ein durchaus wirksames Vorbeugungsmittel: eine tüchtige Begrünung des Bodens durch Schlaggewächse. Nur in solchen Schlägen und Schlagpartien, welche noch eine reine Laubdecke aufweisen, treibt er sein Unwesen, gehörig begrünte Flächen meidet er durchaus. Auch dieser Umstand tritt der voreiligen und vorzeitigen Verjüngung als ein sehr wesentliches Hemmniß entgegen.

Die Verkennung und Mißachtung der Gefahren des überstürzten Verjüngungsbetriebes sind die Ursachen der unbeabsichtigten Flächen-Einbuße des Buchen-Hochwaldes.

Der Buchen-Aufschlag macht in den ersten Jahren seines Daseins nur geringe Ansprüche an die Humuskraft des Bodens; er bedarf einer anderen und weniger reichlichen, einer leichteren Nahrung wie das herangewachsenere Geschlecht. Lockerheit und hinreichende, möglichst gleichmäßige Frische des Bodens sind diejenigen Bedingungen, welche die Erhaltung und das Gedeihen während der ersten Lebensjahre an erster Stelle sichern. In dem Maße, wie mit zunehmendem Alter die Ansprüche des Jungwuchses an den Humus steigen, sorgt er selber für dessen Beschaffung durch die eigenen Abfälle. Demnach hat die Humusdecke des alten Bestandes für den Nachwuchs vorwiegend nur insofern Werth, und zwar einen sehr hohen, als sie zur Zeit der Ansamung in einem Zustande sich befindet, in welchem sie den Boden locker zu erhalten und die Bodenfrische in möglichst vollkommener Weise zu bewahren vermag. Alles, was hierüber hinausgeht, ist für den Jungwuchs in seinen ersten Jahren überflüssig, wenn nicht gefährlich.

Diese für den Nachwuchs entbehrlichen Vorräthe, welche der Buchen-Hochwald in so reichem Maße angesammelt hat, darf der haushälterische Wirthschafter nicht vergeuden, er hat sie dem Interesse des Waldes mit aller Sorgfalt dienstbar zu machen. Sie sollen dem alten Bestande zu Gute kommen, und zwar dadurch, daß sie in Lichtungszuwachs umgesetzt werden. In um so vollkommenerem Maße wird das Ziel erreicht, je geringer die Menge des Rohhumus ist, welche den Atmosphärilien ungenutzt zum Opfer fällt. Zu scharfe und zu rasch aufeinander folgende Hiebe aber bringen derartige Opfer und verschwenden das während geraumer Vorzeit von der Natur fürsorglich zusammengesparte große Vermögen, welches der sorgsame Wirthschafter, da es in seiner gegenwärtigen Substanz ihm nicht dienlich sein kann, in andere vollgültige Werthe umzusetzen bestrebt ist.

Die Nutzholz-Ausbeute und -Erziehung hat im Buchen-Hochwalde eine um so gewichtigere Rolle zu spielen, als die Bedeutung der Brennholzerzeugung mehr und mehr in den Hintergrund getreten ist. Auch diesem Umstande vermag die überhastete Beschleunigung des Verjüngungs-Processes nicht gerecht zu werden, indem sie zu frühzeitig die Nutzholzstämme dem Lichtungs- und Werthszuwachse entzieht und die für den nächsten Umtrieb bestimmten Ueberhälter den großen Gefahren der Freistellung aussetzt, ohne dieselben gegen solche zuvor gehörig vorbereitet und zum erfolgreichen Widerstande hinreichend gekräftigt zu haben.

Die Vorbereitung des Bodens zur natürlichen Verjüngung, den zweckdienlichen Zersetzungsproceß des Rohhumus, beeinflussen und bedingen die mannigfachsten Faktoren, wie: Stärke der Humusdecke, Bodenzusammensetzung, Lage, Bestandeshöhe, Handhabung der voraufgegangenen Durchforstungen u. s. w., denen in all ihren Abstufungen und ihren Zusammenwirkungen die Hiebsführung gebührend Rechnung zu tragen hat. Es ist einleuchtend, daß somit bestimmte Maßstäbe, welche etwa in der Aushiebsmasse, der Stammgrundfläche, dem Kronenschlusse u. s. w. zahlenmäßigen Ausdruck fänden, den Vorbereitungshieben nicht zu Grunde gelegt werden können. Wir haben nach einem anderen Anhalte zu suchen, und diesen bietet allein und in der einfachsten und zuverlässigsten Weise die Vegetation, mit welcher sich nach Maßgabe der Bestandes-Lichtungen der Boden nach und nach überzieht. Die verschiedenartigen Gewächse, welche durch die Schlagführung hervorgerufen werden, nennen wir — die Baum- und höheren Sträucherarten ausgenommen — Schlaggewächse.

Nicht allein die mineralische Zusammensetzung des Bodens und der Grad des Lichteinfalles bedingen das Auftreten und Verhalten der Schlaggewächse, sondern ganz wesentlich auch die Menge und der Zustand der Humusvorräthe. Jede eintretende erhebliche Wandlung der letzteren kennzeichnet sich durch eine spezifische Vegetation, und wird eben hierdurch der Buchenzüchter befähigt, in seinen Schlägen jederzeit das Fortschreiten der Humuszersetzung, den Bodenzustand, den Grad der Vorbereitung genau zu beurtheilen und hiernach seine Maßregeln zu treffen.

Aber noch in anderer Beziehung sind die nützlichen Schlaggewächse der Hiebsführung ein wichtiges Merkzeichen. Solange sie unter der gegebenen Beschattung im Samenschlage gedeihen, vermag solches auch der Buchen-Aufschlag, und dann erst beginnt letzterer unter zu starker Beschattung zu leiden und ist Nachlichtung geboten, wenn auch jene zu kümmern anfangen, sich lichten und mehr und mehr aus dem Schlage sich zurückziehen.

Weit wichtiger noch als diese mehr indirekten Vortheile sind die unmittelbaren, welche die natürliche Verjüngung aus den Schlaggewächsen zu ziehen vermag. Ganz zweifellos tragen letztere in hohem Grade dazu bei, diejenigen Zersetzungsprodukte des Rohhumus, welche die Ansamung in so hohem Grade gefährden, rasch zu absorbiren, oder in milde, der jungen Buche zusagende, deren Entwickelung fördernde Stoffe umzuwandeln. Ihre eigenen Abfälle zersetzen sich sehr leicht, und die hieraus hervorgehenden Produkte sind von vornherein dem Buchen-Jungwuchse nur förderlich.

Sie schützen den Boden gegen Verhärtung und bewahren ihm

nach Möglichkeit eine gleichmäßige Frische, indem sie die Niederschläge, welche auf reiner Laubdecke leicht abfließen oder verdunsten, aufhalten und in den Boden hineinführen. Sie fangen das abfallende Laub unter sich auf und bieten mit diesem vereint der Bodenfeuchtigkeit den wirksamsten Schutz gegen die Sonne und aushagernden Winde.

Es ist bekannt, daß im Allgemeinen die niedere Vegetation die Verdunstung und somit die Austrocknung des Bodens fördert; insbesondere gilt dies von den Grasarten. Da nun solche das Hauptkontingent der Schlaggewächse stellen, so könnte, wie das thatsächlich auch schon geschehen ist, daraus gefolgert werden, daß letztere, anstatt die Bodenfeuchtigkeit zu bewahren, deren Verminderung wesentlich fördern müßten. Diese Annahme aber ist deswegen eine falsche, weil sie die Einwirkung des Oberholz-Schirms nicht berücksichtigt, welcher, wie er Sonne und Wind vom Boden abhält, gleichzeitig auch der Verdunstung wirksam entgegentritt. Die Verhinderung einer ausgiebigen Thaubildung kann zu den wohlthätigen Einwirkungen des Schirmes auf die Erhaltung der Bodenfrische nicht in Gegensatz gestellt werden, denn der Thau ist unter den beregten Umständen fast ausschließlich ein Produkt der örtlichen Bodenfeuchtigkeit und wird keineswegs in seiner Gesammtheit von dem Pflanzenwuchse, durch dessen Vermittelung er entstanden, wieder aufgesogen, vielmehr zum erheblichen Theile auch verdunstet. Für den jungen Buchen-Aufschlag hat der Thau somit keine günstige Bedeutung, denn die Feuchtigkeit, welche er den Blättern zuführt, ist den Wurzeln entzogen worden.

Die Schlaggewächse bergen die Bucheln sorgsam in ihrem Schoße, bedecken sie mit dem später abfallenden Laube und schützen sie so gegen die Aufnahme durch Wild und Vögel. Sie halten die trügerisch erwärmenden Strahlen des ersten Frühlings-Sonnenscheins vom Lager ab und verhindern somit das vorzeitige Hervorbrechen des Keimes, welchem in so häufigen Fällen, sei es durch Frost oder Trockniß, die frei liegenden Bucheln massenhaft zum Opfer fallen.

Sie verhindern das der jungen Buche unter Umständen so verderbliche Erhitzen des Bodens und halten denselben kühl, regeln also, wie die Feuchtigkeit, so auch die Temperatur desselben.

In diesen Umständen ist die außerordentlich hohe Bedeutung der nützlichen Schlaggewächse zu erblicken. Sie sind die geeignetsten, ja unentbehrlichsten Mitarbeiter des Buchenzüchters und ihre Leistungen können durch die Hacke niemals ersetzt werden. Ihr erstes Auftreten zeigt uns nicht, wie vielfach angenommen wird, die Grenze, bis zu welcher die Vorbereitung gehen darf, die allgemeine Begrünung des Bodens durch sie in tüchtiger Fülle ist das Ziel, welches jene sich unbedingt vorzustecken hat. Mit Erreichung dieses Zieles ist auch die Zukunft der nächsten Ansamung völlig gesichert, soweit nicht etwa Uebel (Mäuse, Spätfröste) auftreten, welche menschlicher Gewalt nicht unterworfen sind. Der Umstand aber, daß er in seinem Humusreichthum und seiner Schattenfülle die Handhabe bietet zur sicheren Erreichung eines derartigen Bodenzustandes weist dem Buchen-Hochwalde in Bezug auf die natürliche Verjüngung den vornehmsten Rang unter allen Hochwaldformen an.

In der naturgemäßen Vorbereitung liegt der Schwerpunkt des ganzen Verjüngungs-Processes, und derjenige Buchenzüchter darf sich der Meisterschaft rühmen, der es versteht, seine Vorbereitungsschläge in gleichmäßigster Weise durch w o h l t h ä t i g e Schlaggewächse tüchtig zu begrünen.

Im Gegensatze zu den nützlichen stehen die schädlichen Schlaggewächse, sie sind das Erzeugniß der ungeschickten Hand und kennzeichnen durch ihr massenhafteres Auftreten Bodenverarmung in Folge zu starker Lichtungen. Von nun an hat der Wirthschafter die Gewalt über seine Schläge verloren und ist er, anstatt zu beherrschen, zum Spielballe des Zufalles herabgesunken.

Ob wohlthätig oder schädlich in Bezug auf die natürliche Verjüngung ist vorwiegend bedingt durch die Art und Weise, in welcher die Schlaggewächse den Boden überziehen. Im Allgemeinen darf angenommen werden, daß allen sich nur durch Samen vermehrenden Pflanzen erstere, allen sich vorwiegend durch Wurzel-Wucherung ausbreitenden hingegen letztere Bezeichnung beigelegt werden darf. Jene stehen immer in Einzel- oder Büschel-Stellung, lassen der jungen Buche hinreichenden Raum zur angemessenen Bewurzelung und beeinträchtigen nicht die Bodenkraft; diese hingegen verfilzen den Boden, verschließen ihn damit der Ansamung und saugen ihn in hohem Grade aus. Dann aber auch giebt es noch Schlaggewächse, welche durch Ueberwachsen und Ueberlagern den Jungwuchs zu schädigen vermögen, abgesehen hiervon aber unbedingt zu den nützlichen zu zählen sein würden.

Immerhin indessen stellen Verwilderung und Ueberwucherung

durch Unkräuter, und seien diese auch Haide und Heidelbeeren, noch nicht den schlechtesten Bodenzustand dar; verödeter Boden ohne Humusdecke und Krautwuchs ist es, welcher der Verjüngung die größten Hindernisse entgegenstellt.

Das forcirte Verjüngungsverfahren rechnet überall kaum mit den so wichtigen Schlaggewächsen; wie es einerseits auf die Mithilfe der nützlichen verzichtet, öffnet es andererseits arg- und sorglos den schädlichen Thür und Thor.

Kurz gefaßt, lassen sich demnach der modernen Buchen-Wirthschaft, welche sich zum Ziele gestellt hat, je nach der Gunst oder Ungunst der Verhältnisse in 10 bis 15, höchstens 20 Jahren den gesammten Verjüngungs-Proceß, vom ersten Anhiebe bis zur vollendeten Räumung, durchzuführen, nachstehende schwer wiegende Vorwürfe machen:

1. sie beschwört Gefahren herauf, welche in sehr häufigen Fällen dem Buchen-Hochwald verhängnißvoll werden;
2. sie vergeudet Schätze und Kräfte, welche dem Walde dienstbar gemacht werden können;
3. sie entschlägt sich der unentbehrlichen, kostenfreien Mitwirkung der Natur und
4. sie verschwendet Kulturgelder.

Durch Hervorhebung dieser Schattenseiten des überhasteten Verjüngungs-Verfahrens sind gleichzeitig auch die Vorzüge des langsam, Schritt für Schritt vorgehenden gekennzeichnet. Wie Letzteres etwa zu handhaben sei, mag nachstehend an einem Beispiele dargestellt werden. Es bietet sich dabei Gelegenheit zur eingehenden Erörterung anderer, hiervon abweichender Verhältnisse.

Der Bestand, dessen natürliche Verjüngung sofort eingeleitet werden soll, stockt im Berggelände des Bundsandsteins und umfaßt in seiner erheblichen Ausdehnung ein vorwiegend ebenes Gelände, welches nach Süden und Norden mäßig schroff abfällt. Dieser Boden-Ausformung entspricht die Ungleichheit der Standortsgüte, welche letztere von der III. zur II. ansteigt. Während der tiefgründige, frische, milde Lehmboden der nördlichen Abdachung, sowie auch der Ebene einen vorzüglichen Buchenwuchs erzeugte, gestattete der trocknere, sandigere und etwas steinige Boden des Südhanges nur eine kaum mittelmäßige Entwicklung. Der Bestand ist überall ein regelmäßiger und vollwüchsiger; die, wenn auch energisch, so doch vorsichtig betriebenen Durchforstungen haben den Kronenschluß nur kurz vorübergehend unterbrochen und hierdurch zu um so mächtigerer Kronenentwicklung und um so dichterer Beschattung wesentlich beigetragen.

Nach Ausweis des Taxationswerkes beträgt die gegenwärtige durchschnittliche Derbholzmasse des 120jährigen Bestandes 400 fm auf 1 ha. Diese Holzmasse aber ist, der Standortsgüte entsprechend, im Bestande ungleich vertheilt: sie hält die Mitte auf dem Plateau, geht am Nordhange um 50 fm darüber hinaus und sinkt am Südhange auf 350 fm herab. In Zahlen ausgedrückt, lassen sich die Standortsgüten als III/IV, III und II charakterisiren.

In der ebenen Lage das Maß der gewöhnlichen Stärke nicht überschreitend, hat am Nordhange die Laubdecke in größerer Menge sich aufgehäuft, während sie auf der südlichen Abdachung wesentlich reduzirt ist.

Die westliche Bestandesseite wurde vor einigen Jahren durch Abnutzung des anliegenden schützenden Bestandes freigelegt, und in Folge dessen haben Winde die Laubdecke verweht, der Boden verödete und beginnende Wipfeldürre trägt diesem Uebelstande bereits gebührend Rechnung.

Zunächst bedarf dieser verödete Bestandesrand unserer Fürsorge. Die Buche soll auch hier in möglichst vollem Umfange erhalten bleiben, in seiner gegenwärtigen Verfassung aber und unter fortgesetzter Einwirkung des schädigenden Windes ist er nicht verjüngungsfähig und außerdem droht das Uebel mit immer tieferem Eindringen in den Bestand: die sofortige Anpflanzung eines Schutzmantels ist unerläßlich. Wenige Reihen in engem Verbande gepflanzter Fichten genügen diesem Zwecke: in kurzer Zeit wird unter ihrem Schutze die Laubdecke sich herzustellen beginnen, und damit der verödete Boden wieder in eine bessere Verfassung gebracht.

Der außerordentlichen Bedeutung derartiger Schutzmäntel gerade auch im Buchen-Hochwaldbetriebe trägt man keineswegs überall gebührend Rechnung; große Verluste werden dadurch gar nicht selten dem Produktionsvermögen des Waldbodens bereitet und in nur noch zu häufigen Fällen die Standortsgüten um mehr als eine volle Klasse herabgedrückt. Die durch nicht rechtzeitige Anlegung von Schutzmänteln begangene Unterlassungssünde hat schon manchem Buchenbestande das Fortbestehen und insbesondere seine natürliche Verjüngung unmöglich gemacht. Um das wieder einzubringen, was auf diesem

Wege dem aushagernden Winde in einem Jahre zum Opfer fiel, bedarf es der sorgfältigsten Pflege und Schonung während einer langen Reihe von Jahren. Dem voraussehenden Wirthschafter sind Schutzmäntel ebenso wichtige Maßregeln wie Loshiebe, und nicht dann erst wird er zu deren Herstellung schreiten, wenn es gilt, das vorliegende Uebel zu beseitigen, sondern rechtzeitig genug, um es überall zu vermeiden. Bei unmittelbar aneinander grenzenden Revieren sollte jeder Nachbar stets von denjenigen Maßnahmen des anderen genaue Kenntniß haben, durch welche die eigenen Grenzdistrikte mehr oder weniger berührt und in Mitleidenschaft gezogen werden, um rechtzeitig vorbeugende Maßregeln treffen zu können. Häufig genug lassen verhängnißvolle Versäumnisse auch in dieser Beziehung sich nachweisen.

Bei schroffem Wechsel der Standortsgüten, wie solcher verschiedenen Gebirgsarten (Grauwacke, Rothtodtliegendes, Buntsandstein 2c.) eigen ist, finden sich in guten, erhaltungswürdigen Buchenbeständen nicht selten umfangreichere Parthien mit kümmerndem, dürftigem Wuchse vor, welche die Vorzeit in ihrer Sorge um Beschaffung des Brennholzbedarfes der Buche ängstlich zu erhalten strebte, deren sofortige Umwandlung in Nadelholz aber der Gegenwart dringend geboten ist. Auch in diesen Fällen sind Windmäntel, welche den Buchenbestand zur Zeit der Inangriffnahme der Umwandlung genügend zu schützen vermögen, unerläßlich, nicht aber nur gegen die vorherrschende Windrichtung, vielmehr im vollen Umkreise der umzuwandelnden Bestandespartie, weil in ringsum von hohem Bestande eingeschlossenen Blößen der Wind wirbelt und daher nach allen Richtungen hin seinen die Bodenkraft schädigenden Einfluß geltend macht.

In dem uns vorliegenden Beispiele soll dahin gestrebt werden, den Bestand in seinem ganzen Umfange möglichst gleichzeitig zu verjüngen. Da nun der Erfolg in erster Reihe von der Vorbereitung abhängt, muß die letztere überall gleichzeitig zum Abschlusse gelangen. Um aber dies Ziel erreichen zu können, erfordert die erhebliche Verschiedenartigkeit des Standortes, der Bodendecke und des Bestandes selber eine entsprechend ungleiche Hiebsführung und ist schon beim ersten Anhiebe diesem Umstande Rechnung zu tragen. Während unter den normalen, mittleren Verhältnissen des Plateaus eine erste Aushiebsmasse von 60 fm Derbholz auf 1 ha als das richtige Maß erscheint, steigert sich dieselbe mit der Gunst der Lage am Nordhange auf 80 fm, und nimmt mit derselben am Südhange ab bis auf

40 fm. Der Bestandesschluß ist damit der Stärke der Laubdecke und den ihre Zersetzung bedingenden örtlichen Einwirkungen entsprechend unterbrochen. Die südliche Abdachung mit ihrem an sich schon geringeren und unter dem stärkeren Einflusse von Licht und Wärme überdies rascher sich zersetzenden Rohhumusvorrathe bedingt schwächere Eingriffe, wie die nördliche mit ihren dem entgegengesetzten Verhältnissen. Der verödete Bestandesrand bleibt vollständig unberührt vom Hiebe, da hier der eine unentbehrliche Faktor der natürlichen Verjüngung: eine normale Laubdecke erst noch erstrebt werden muß.

Wie während des ganzen Verjüngungszeitraumes ist auch schon beim ersten Anhiebe auf eine richtige Auswahl der herauszunehmenden Stämme sorgsam Bedacht zu nehmen. Hinreichend gleichmäßige Vertheilung von Licht und Schatten muß als erste Bedingung hingestellt werden, und nur so weit mit dieser verträglich erscheint, hat die Verfolgung anderer, die natürliche Verjüngung nicht erstrebender Zwecke ihre Berechtigung.

Die nur zu Brennholz sich eignenden Stämme fallen der Axt zunächst anheim, Nutzholz-Stämme werden, um sie in den Genuß des Lichtungszuwachses zu setzen, umlichtet, zum Ueberhalte geeignete an die demnächstige Freistellung allmählich gewöhnt. Ihre hohe Bedeutung hat eine derartige Auswahl auch mit Rücksicht auf die Vererbungsfähigkeit der schlechten wie guten Eigenschaften des Mutterbaumes; bis zur Vollendung der Vorbereitung sind daher so weit wie möglich alle Individuen mit unerwünschter Stammform zu entfernen, so daß an der Ansamung thunlichst nur edles Material sich betheiligt.

Die Einwirkung des ersten Anhiebes auf den Boden zeigt sich nur darin, daß die Laubdecke ihm fester sich auflagert und damit die Zersetzung der letzteren in rascheren Gang gebracht worden ist. Hätte schon eine Schlagvegetation in beachtenswerther Menge sich eingestellt, so wäre damit der Beweis für den zu starken Eingriff des ersten Anhiebes geliefert.

In welchen Zwischenräumen nun sollen die Vorbereitungshiebe aufeinander folgen? Für den uns vorliegenden Fall, wie überhaupt für die Allgemeinheit ist diese Frage dahin zu beantworten: alsdann erst, nachdem die durch den voraufgegangenen Hieb herbeigeführte Einbuße am Kronenschlusse etwa zur Hälfte wieder ausgeglichen sein wird, in 4 oder 5 Jahren. In zu kurzen Zeiträumen sich wiederholende Hiebe haben auch den wesentlichen Nachtheil im Gefolge, daß sie das so schon zu festem Auflagern noch nicht gelangte Laub der letzten Jahre zu häufig aufrühren, es dem Spiele der Winde überliefern und damit den stätigen Fortschritt der Zersetzung stören.

Nach vier Jahren also gehen wir mit dem zweiten Vorbereitungshiebe vor, dessen Aushiebsmasse, in sich wieder ungleich bemessen nach der Verschiedenartigkeit des Standortes, derjenigen des ersten Anhiebes gleichkommen darf. Nicht lange, und die Schlagvegetation, welche ihren ersten vereinzelten, dürftigen Anfängen vielleicht schon vorher hier und dort schüchtern sich hervorgewagt hatte, tritt allgemeiner auf und beginnt, mit einem grünen Scheine den Boden mehr oder weniger gleichmäßig zu überziehen. Indessen die Beschattung ist noch eine zu erhebliche und mehrt sich auch so rasch wieder in Folge der Kronenentwicklung, daß lichtbegehrlichere Gewächse ihre Existenzbedingungen noch nicht finden. Die artenarme Schlagvegetation bleibt in ihrer weiteren Entwicklung und Entfaltung bald stehen, der Vermehrung des Lichteinfalles entgegenharrend.

Diesen schafft nach vier Jahren der dritte Vorbereitungshieb. Mit ihm wird in der Regel dem Ziele schon nahe gerückt, kann dasselbe aber auch gar leicht überschossen werden. Man darf ihn insofern den kritischen nennen, und große Vorsicht ist dringend geboten. Wir wollen uns den nicht mehr so fern liegenden Gefahren der Schlagverwilderung nicht aussetzen und bemessen daher die diesmalige Hiebsmasse so niedrig, daß unbedingt noch ein vierter Hieb erforderlich sein wird, um die Vorbereitung des Bodens zu vollenden: auf die Hälfte derjenigen eines der voraufgegangenen Hiebe.

Nunmehr entwickelt sich ein reiches Pflanzenleben. Den bereits vorhandenen, jetzt kräftiger auftretenden und weiter sich verbreitenden Arten treten neue hinzu, und nach wenigen Jahren verschwindet, aus der Ferne betrachtet, das fahle Gelbbraun des verwesenden Laubes unter dem saftigen Grün des lebendigen Bodenüberzuges. Genauere Prüfung ergibt jedoch, daß die Vorbereitung noch keineswegs am Ziele angelangt ist. Die Schlagvegetation wird durch die Beschattung noch zu sehr im Zaume gehalten, sie ist und bleibt bei diesem Lichteinfalle eine zu lockere, überall unterbrochen durch kleinere Parthien reiner Laubdecke, und dieser Bodenzustand würde dem Aufschlage noch keineswegs überall hinreichend die Zukunft sichern. Andererseits aber finden sich auch nirgendwo in den ersten Spuren des Auftretens schädlicher Schlaggewächse Anzeichen dafür vor, daß nunmehr mit weiterer Nachlichtung einzuhalten sei.

Der vierte Vorbereitungshieb, nach wiederum vier Jahren eingelegt, dessen Massenergebnisse denjenigen des dritten gleichkommen werden, ist in unserem Falle als der letzte anzusehen und soll nach einigen Jahren, soweit nicht einzelne kleinere Parthien späterhin noch eines weiteren Schliffes bedürfen, die Vollendung bringen, welche darin gipfelt, daß gleichmäßig durch den ganzen Schlag der großen Mehrheit des demnächstigen jungen Aufschlages der segensreiche Schutz wohlthätiger Schlaggewächse zu Theil werde; denn erst mit Erreichung dieses Zieles ist das Gelingen der Verjüngung nach Möglichkeit gesichert.

Es wird vorkommen, daß nach vollendeter Vorbereitung die erhoffte Mast längere Jahre ausbleibt, oder durch außergewöhnliche Kalamitäten (Mäuse, intensive Spätfröste) verunglückt. Auch können beide Fälle zusammentreffen, wodurch die erfolgreiche Ansamung noch weiter hinausgeschoben werden würde. Die Frage nun, ob mit Rücksicht auf die während dessen fortdauernd sich wieder mehrende Beschattung nicht doch eine nochmalige allgemeine Lichtung geboten erscheine, darf für die Regel verneinend beantwortet werden, denn der einmal erreichte Zustand vollendeter Vorbereitung geht keineswegs so leicht wieder zurück, vielmehr in einem weit langsameren Tempo als demjenigen der Herbeiführung. Dann erst, wenn nach Verlauf mancher Jahre die Beschattung wiederum eine derartig dunkle geworden ist, daß die Schlaggewächse allmählich schwinden, wie sie gekommen sind, und einer Laubdecke wieder das Feld einzuräumen beginnen, würde eine abermalige Lichtung erforderlich sein. Wie im Verjüngungsschlage die Gesammtheit der guten Schlaggewächse uns den zuverlässigen Maßstab gibt für das Lichterforderniß des Buchenaufschlages, so auch denjenigen für dessen Schattenerträgniß während seiner ersten Lebensjahre.

Der Verlauf der Bodenbegrünung in den Buchenschlägen ist etwa folgender. Mit der Zunahme des Lichteinfalles mehrt sich auch der Artenreichthum der Schlaggewächse, doch nur bis dahin, daß Halbschatten den Boden deckt und die unter ihm zu höchster Thätigkeit gelangte Rohhumuszersetzung der Vegetation die größte Nahrungsfülle darbietet. Weitere Vermehrung des Lichteinfalles hat rasche Minderung der Nährkraft des Bodens zur Folge und dementsprechend

Rückgang des Artenreichthums bei gleichzeitiger Mehrung der Anzahl der Individuen. Dauernde volle Beleuchtung erzeugt nur relativ wenige Arten, die aber um so ausgiebiger den Boden bedecken und verfilzen.

In unserem Schlage stellte überall gleichmäßig Oxalis acetosella als erstes Schlaggewächs sich ein und trug, trotz seines lockeren Standes, durch sein feines Gewurzel in erheblichem Maße dazu bei, das noch flüchtige Laub zu binden. Bald darauf fand sich in allen Lagen die Hainsimse (Luzula pilosa und albida) ein, ohne jedoch unter der noch zu starken Beschattung über die ersten weit zerstreuten und schwachen Büschel hinauskommen zu können. Schon der nächste Hieb rief eine ungleich reichere Vegetation hervor. Am trockneren Südhange trat der Hainsimse kaum noch eine andere Pflanzenart hülfreich zur Seite, dafür aber breitete sie selber sich allmählich und unaufhaltsam aus und vermochte allein das Werk der Vorbereitung zu vollenden, trotzdem hier im Vergleiche zu den übrigen Theilen des Schlages die Beschattung dunkler gehalten werden mußte. In den besseren Lagen blieb ihre Herrschaft freilich ebenfalls unbestritten, aber eine größere Anzahl anderer Gewächse reichten ihr hier hülfreich die Hand, wie Ajuga reptans, Anemone nemoralis, Asperula odorata, Circaea lutetiana, Galeobdolon luteum, Mercurialis perennis, Impatiens nolitangere, Phegopteris dryopteris, und die Gräser: Aira caespitosa, Dactylis glomerata, Koeleria cristata. Daß hiermit das Register nützlicher Schlaggewächse noch nicht erschöpft ist, liegt auf der Hand, sie aber sind, wie überhaupt auf dem sandigen Lehm- oder lehmigen Sandboden des Berglandes wie der Ebene die wichtigeren, und alle möglichen Arten aufzuführen, erscheint unausführbar und überflüssig.

Vergleichen wir die genannten Gewächse unter sich bezüglich ihres Antheiles an der Herbeiführung eines geeigneten Bodenzustandes und daher ihres Werthes für den Buchenzüchter, so gebührt der Hainsimse weitaus der erste Preis. Sie gedeiht auf allen Bonitäten der eben genannten Bodenarten, wirkt äußerst thätig auf die Zersetzung des Rohhumus ein und liefert in den eigenen Abfällen der jungen Buche sehr zusagende Produkte. Ihre Verbreitung und Stellung lassen sich durch die Hiebsführung am vollkommensten reguliren, und, weil sie nur Büschel bildet, bleibt ihr Stand stets ein so lockerer, daß der junge Aufschlag überall hinreichend Raum zu günstiger

Entwicklung zu finden vermag. Die Mitwirkung der Hainsimse ist in außerordentlich vielen Fällen eine geradezu ausschlaggebende, und ohne sie würde auf so manchen geringeren Standorten die natürliche Verjüngung der Buche überhaupt nicht zu ermöglichen sein.

Ganz anders, wie vorstehend angedeutet, verhält sich selbstredend die Schlagvegetation auf den mineralisch kräftigeren Bodenarten, wie z. B. den Kalkböden, Basalt 2c., hinreichende Humusvorräthe und gute Bodenfrische vorausgesetzt, entwickelt sich hier schon unter dem vollen Schlusse des Buchen-Hochwaldes nicht selten ein reges Pflanzenleben, welches bei jeder erheblichen Lichtung sprungweise sich steigert. An trockenen und dabei gar flachgründigen Hängen dieser Gebirgsarten aber bleiben Artenreichthum wie Ueppigkeit der Schlaggewächse häufig genug hinter mineralisch ärmeren, aber sonst vortheilhafter ausgestatteten Bodenarten erheblich zurück.

Je mineralisch reicher der Boden unter sonst günstigen Bedingungen, um so weniger hervorragend die Bedeutung einer einzelnen Pflanzenart für die Vorbereitung des Bodens, um so größer aber auch die Anzahl der Arten in ihrer Wirksamkeit gleichzustellender Schlaggewächse. Eine so eigenartige, hervorragende Bedeutung wie die Hainsimse für Lehm- und Sandboden hat für die kräftigen Gebirgsarten auch nicht annähernd irgend ein anderes Gewächs. Ihm am nächsten, aber doch erst in weitem Abstande, kommt wohl noch Melica uniflora. Weil nun aber unter diesen Umständen die Anzahl für die Vorbereitung gleichwerthiger Pflanzenarten eine außerordentlich große ist und es völlig ausgeschlossen erscheint, sie alle namhaft zu machen, so darf von einer eingehenden Betrachtung derselben hier Abstand genommen werden.

Unter den häufig in vorgeschrittenen Vorbereitungsschlägen auftretenden, unter Umständen durch Verdämmen des Aufschlages leicht schädigenden Schlagpflanzen sind in erster Reihe zu nennen: Digitalis purpurea, Atropa belladonna, Senecio sylvaticus, Epilobium angustifolium, Rubus idaeus. Da aber diese Gewächse sehr günstig auf die Bodenvorbereitung einwirken, ihre eigenen reichen Abfälle sich leicht zersetzen und ihr schädlicher Einfluß durch rechtzeitiges Abmähen sich leicht umgehen läßt, so zählen sie entschieden eher zu den nützlichen als schädlichen Schlaggewächsen.

Die schädlichen Schlaggewächse, die eigentlichen Unkräuter sind Produkte entweder zu großer Bodenverarmung, oder eines relativ zu erheblichen Lichteinfalles. Heide und Heidelbeere knüpfen ihr Auftreten an das Zusammentreffen beider Faktoren und nehmen unter den Unkräutern deswegen den vornehmsten Rang ein, weil ihr erstes Erscheinen die äußerste Grenze andeutet, bis zu welcher die Buchen-Nachzucht noch in Frage kommen darf, und nur ganz besondere Verhältnisse können das Ueberschreiten dieser Grenze rechtfertigen. Sie zeigen unter allen Umständen eine hochgradige Humusarmuth an und treten unter Voraussetzung der letzteren selbst noch auf solche Bodenarten und Standorte über, welche unter Wahrung der Humuskraft der Buche noch gutes Gedeihen gesichert haben würden; sogar der Kalkboden vermag sich ihrer nicht immer zu erwehren. Die natürliche Buchen-Verjüngung auf heide- und heidelbeerwüchsigen Parthien kann möglicher Weise nur dann noch Erfolg haben, wenn das Auftreten dieser Unkräuter die ersten Anfänge noch nicht überschritten hat und bezüglich der Hebung der Produktionskraft des Bodens die Verhältnisse fortan sich zum Besseren wenden. Im Allgemeinen werden diese Unkräuter die Grenze anzeigen, bis zu welcher äußerstenfalls noch mit der Buche herabgegangen werden darf.

Aus dem Heer der übrigen schädlichen Schlaggewächse, welches sich, von den genannten beiden abgesehen, fast ausschließlich aus wuchernden Gräsern zusammensetzt, mögen nachstehende als würdige Repräsentanten ihres Gelichters hervorgehoben werden: Agrostis vulgaris und stolonifera, Aira flexuosa, Brachypodium pinnatum, Festuca ovina, glauca und duriuscula, Melica ciliata, Triticum repens, Carex canescens und montana. Auch die liebliche Convallaria majalis verschließt, wenn auch nur gruppenweis auftretend, auf Kalkboden oftmals der Ansamung den Boden. Polytrichum commune wird seiner dichten Polster wegen nach Lichtungen häufig in solchen Beständen des frischen Sand- und Lehmbodens recht lästig, aus denen durch Streunutzung oder Wind die Laubabfälle fortgesetzt entfernt wurden, welche dann Ruhe und Schutz bekamen, aber doch noch nicht hinreichende Zeit fanden, um eine vollkommen normale Laubdecke wieder herzustellen.

Auch Farren (Aspidium filix mas und filix femina, Pteris aquilina) treten auf feuchtem Boden nicht selten in lästiger Weise auf, indem ihre umfangreichen Wurzelstöcke dem Aufschlage zu wenig Raum lassen und ihre hohen Wedel zu sehr verdämmen. Ihre an sich schon reichlich feuchten Standorte werden unter ihrer Einwirkung bisweilen völlig versumpft.

Kehren wir zu unserem, in der Vorbereitung nunmehr vollendeten Schlage zurück. Vier Vorbereitungshiebe waren erforderlich, um dies Ziel zu erreichen. Die Hiebe lagen je vier Jahre auseinander, und nach dem letzten derselben bedurfte es wieder annähernd desselben Zeitraumes zur völligen Erreichung des erstrebten Bodenzustandes. Vom ersten Anhiebe bis zu diesem Zeitpunkte verflossen mithin 15 oder 16 Jahre.

Die Hiebsergebnisse gestalteten sich nach Maßgabe der verschiedenartigen Standortsgüten des Schlages außerordentlich ungleich und ergaben:

auf Standort	III./IV.	III.	II. III. Bonität
1. der 1. Vorbereitungshieb =	40,	60,	80 fm.
2. „ 2. „ =	40,	60,	80 „
3. „ 3. „ =	20,	30,	40 „
4. „ 4. „ =	20,	30,	40 „
zusammen =	120,	180,	240 fm. Derbholz.

Das ist beziehungsweise und abgerundet 35, 45, 55 % der beim Anhiebe vorhandenen Derbholzmasse. Selbstverständlich entwickelte sich unter der zweifachen Einwirkung der verschiedenartigen Standortsgüten und der ungleichen Lichtungen der Massenzuwachs sehr verschieden und haben am Schlusse der Vorbereitung die Procente der Aushiebsmasse zur dann noch im Schlage vorhandenen Holzmasse gegen die obigen Procentsätze sich wesentlich verschoben, so zwar, daß die Extreme derselben einander wesentlich näher gerückt sind.

Ein ähnliches Resultat, aber in umgekehrtem Verhältnisse, ergibt sich auch in Bezug auf den Kronenschluß, und das endliche Schlußverhältniß wird, da die besseren Standorte eine raschere Kronenentfaltung nach den vorgenommenen Lichtungen bedingten, dem Maße der letzteren nicht voll entsprechen. Eine Prüfung am Schlusse der Vorbereitung ergab in unserem Falle entsprechend den Bonitäten III/IV, III und II/III eine Beschattung von 65, 60 und 55 % des vollen Kronenschlusses.

Wir haben noch den wegen vorgeschrittener Bodenverödung vom Hiebe einstweilen gänzlich verschonten westlichen Bestandesrand einer kurzen Betrachtung zu unterwerfen. Der angepflanzte Schutzmantel hat allmählich seinen wohlthätigen Einfluß geltend gemacht und ist gegenwärtig eine Laubdecke überall wieder angesammelt. Normal ist diese jedoch keineswegs zu nennen, da ihr die unteren, in allen möglichen Stadien der Zersetzung begriffenen Schichten noch vollständig fehlen. Die Wiederherstellung einer wirklich normalen Laubdecke im Buchen-Hochwalde bedarf eines ungleich längeren Zeitraumes, und reichen dazu zwanzig Jahre der ungestörten Ansammlung der Abfälle kaum hin. Alle Bestände, welche ehemals einer rücksichtslosen Streulaubnutzung unterworfen waren, vermögen hierüber hinreichend Aufklärung zu geben. Werden derartige Bestände zu frühzeitig, bevor also ihre Laubdecke sich hinreichend wieder ausgebildet hat, in Betrieb genommen, so stellen schon nach schwachen Lichtungen so ungünstige Bodenzustände sich ein, daß die natürliche Verjüngung vollständig aussichtslos erscheint. Die guten Schlaggewächse bleiben aus und an ihre Stelle treten sofort die schädlichen, günstigeren Falls Polytrichum commune in dichten Polstern, auf trocknerem Boden Heidelbeere und Heide. Soll in solchen, unserem Beispiele ähnlichen Fällen die natürliche Verjüngung erstrebt werden, so ist weiteres Hinausschieben unbedingt geboten.

Das vorstehend nur in ganz flüchtigen Zügen durchgeführte Beispiel der naturgemäßen Vorbereitung erhebt keineswegs den Anspruch einer feststehenden Regel, nur als Anhalt vermag es zu dienen unter gleichen oder ähnlichen Verhältnissen. Je erheblicher die letzteren von den vorgeführten abweichen, um so abweichender auch der Gang der Vorbereitung. Ungünstigere und schwierigere Verhältnisse, wie solche z. B. in rauheren Gebirgslagen oder auf dem trägeren sandigen Lehmboden der Ebene vorliegen, werden schwächere und zahlreichere Hiebe und damit einen langsameren Gang, sowie eine längere Dauer der Vorbereitung bedingen, günstigere das Gegentheil.

Wie wiederholt schon hervorgehoben worden, hängt die natürliche Verjüngung fast ausschließlich von der richtigen, naturgemäßen Vorbereitung, diese aber wieder von der Mitwirkung wohlthätiger Schlaggewächse ab. Daraus folgt, daß die Schwierigkeiten der Verjüngungen sich genau je nach den Hindernissen bemessen, welche während der Vorbereitung der Herbeiführung einer geeigneten Bodenbegrünung sich entgegenstellen. Je rascher und sicherer letztere zu erreichen ist, um so mehr begünstigen die vorliegenden natürlichen Verhältnisse die Verjüngung.

Legt man jenen allgemein gültigen Maßstab an, so ergibt sich als Resultat, daß keine Gebirgs- oder Bodenart vermöge ihrer mineralischen Zusammensetzung und Kraft irgend einer anderen gegenüber unter allen Umständen die der Verjüngung günstigsten natürlichen Verhältnisse darbietet. Stets sind Bodenfrische, Tiefgründigkeit, Lockerheit und gute Lage ausschlaggebend und nur dort, wo dem günstigen Vereine dieser Faktoren mineralische Kraft sich zugesellt, steigert die Gunst der Verhältnisse sich zum vollkommensten Grade.

Da nun, so weit es sich um normale, geschlossene Bestände handelt, jene Faktoren in ihrer geringeren oder größeren Ausprägung und in ihrem mehr oder minder harmonischen Zusammenwirken in der Höhenentwicklung der Bestände vollauf zum Ausdrucke gelangen, so bietet letztere in der Regel einen vorzüglichen Anhalt zur Beurtheilung der Gunst oder Ungunst der vorliegenden natürlichen Verhältnisse. Je langschäftiger der Bestand, um so sicherer und vollkommener erreichbar der Erfolg der natürlichen Verjüngung.

Keineswegs aber würde die Annahme gerechtfertigt sein, daß hervorragend gute Standorte eine sorglosere Handhabung der Hiebsführung gestatte. Liegt bei schlechten Standorten die Gefahr der Verödung nahe, so hier diejenige rascher und hochgradiger Verwilderung.

Es ist ja die Ansicht eine weit verbreitete, daß mineralisch kräftige Bodenarten vermöge dieser ihrer Eigenschaft die Gewähr einer leichten natürlichen Verjüngung in sich tragen und erscheint es daher gerechtfertigt, sie in dieser Richtung hin einer besonderen kurzen Betrachtung zu unterwerfen. Der Muschelkalk, wohl der spezifischeste Buchenboden, mag dabei als Repräsentant der kräftigen Gebirgs- und Bodenarten hingestellt werden. Dort, wo die vorhin gemachten Voraussetzungen bei ihm zutreffen, bietet er der natürlichen Verjüngung allerdings die Möglichkeit des raschesten und leichtesten Gelingens: schon bei vollem Schlusse vermag eine stärkere Laubdecke nicht aufzukommen, in dem Maße, wie die Abfälle dem Boden zugeführt werden, zersetzen sie sich rasch, eine vortreffliche Bodenbegrünung ist schon vorhanden, mit einem Worte von vornherein ein Bodenzustand, den wir unter ungünstigeren Umständen durch langjährige mühevolle Vorbereitung erst herbeizuführen haben. Derartig günstige Verhältnisse aber sind dem Muschelkalke oder überhaupt den kräftigsten Gebirgsarten keineswegs ausschließlich eigen, sie finden sich unter sonst gleichgünstigen Umständen auch auf dem vergleichsweise mineralisch ärmeren Boden des Flachlandes, und wie sie hier leider zu den seltenen Ausnahmen zählen, ebenso wohl auch dort.

Andererseits aber bieten die kräftigsten Gebirgsarten überall, wo jene Voraussetzungen nicht zutreffen, einer angemessenen Bodenvorbereitung die außerordentlichsten Schwierigkeiten dar und wohl keine mühsamere und mit mehr Sorgen verknüpfte Aufgabe kann dem Buchenzüchter gestellt werden, als an sonnigen, flachgründigen, zum Austrocknen und zur Erhitzung geneigten Kalkhängen einen den Erfolg der Verjüngung gewährleistenden Bodenzustand herbeizuführen und während der Verjüngungsperiode zu erhalten. Mögen auch geschlossene, gutwüchsige Bestände vorliegen, immer nur vermag ein außerordentlich langsamer, vorsichtiger, tastender Gang der Vorbereitung einigermaßen sicher zum Ziele zu führen. Oft genug aber steigern die Verhältnisse diese Schwierigkeiten bis zur Unmöglichkeit, und nirgendwo sonst haben an sich geringfügige Fehlgriffe annähernd gleiche verhängnißvolle Folgen. So mancher verödete Kalkhang, auf welchem der Buche durch die genügsamste Nadelholzart erst wieder der Weg gebahnt werden muß, legt vollgültiges Zeugniß ab für letztere Thatsache.

Derartig ungünstige Verhältnisse liegen beim Muschelkalke, wie wohl bei allen kräftigen Gebirgsarten mindestens ebenso häufig vor, wie deren Gegensätze, und ist es daher nicht zu rechtfertigen, diese Gebirgsarten im Vergleiche zu mineralisch ärmeren, z. B. dem Buntsandsteine, als die bezüglich der Buchenverjüngung unbedingt günstigeren hinzustellen. Kaum für den großen Durchschnitt wird diese Annahme zutreffen, denn je mineralisch kräftiger der Gebirgsboden, um so weiter auch pflegen die Extreme derjenigen Verhältnisse, welche den Gang der Vorbereitung beeinflussen, auseinander zu liegen. Kräftigen und thätigen Bodenarten legt der rasche Gang der Zersetzung stets die Gefahr nahe, einerseits auf begünstigteren Standorten diejenige der Verunkrautung, Verwilderung, andererseits die der Verarmung und Verödung. Es mangelt ihnen eben diejenige Stärke der Laubdecke, welche beiden Uebelständen entgegenwirkt. Entsprechend dunklere Beschattung in allen Stadien des Verjüngungsprozesses bis zu den letzten Nachlichtungen hin, hat jenen Mangel vorsichtig auszugleichen.

Es erübrigt noch, zu erörtern, ob außer der Hiebsführung noch Mittel in unsere Hand gegeben sind, die Vorbereitung zu fördern oder zu beschleunigen. Wo in ungewöhnlich geschützten Lagen durch Herbeiwehen hohe Laubmassen fortdauernd sich ansammeln, kann durch Lichtung die Zersetzung nicht in dem Maße, wie die Abfälle sich wieder ergänzen, gefördert werden, oder es würde die naturgemäße Vorbereitung doch einen gar zu großen Zeitraum beanspruchen. Unter solchen Umständen ist es nicht allein statthaft, sondern sogar geboten, auf andere Weise das Uebermaß gebührend herabzumindern. Verwerflich wäre es, in solchem Falle die gesammte Laubdecke bis auf den Mineralboden zu beseitigen; Bodenverhärtung würde davon die Folge sein. Stets nur dürfen die lockersten, von der Zersetzung noch nicht angegriffenen Laubschichten gewaltsam entfernt werden, um eine wesentlichere Störung des Zersetzungsprozesses und Entartung der unteren Humusschicht zu vermeiden.

Die gewaltsame Beseitigung der Rohhumusdecke im Buchen-Hochwalde, ja sogar das Verbrennen derselben ist hin und wieder als eine allgemein zweckmäßige Vorbereitungsmaßregel empfohlen worden. Derjenige Buchenzüchter aber, welcher solchem Prinzipe huldigt, läßt sich einem Kapitalisten vergleichen, der, um nur der lästigen Arbeit des Couponabschneidens überhoben zu werden, seine Werthpapiere dem Feuer überliefert.

3. Ansamung, Nachlichtungen, Räumung.

Selbst die kundigste Hand wird nicht zu erreichen vermögen, daß überall im ganzen Schlage die Vorbereitung durchaus gleichmäßig abschließt. Bedingt durch örtliche Umstände, welche sich unserer Wahrnehmung oder Einwirkung entzogen, stellt hier der erstrebte Bodenzustand sich früher ein, dort später, und dem entspricht auch die erfolgreiche Ansamung. Nur in den seltensten Fällen wird eine einzige Mast den jungen Bestand voll zu begründen vermögen, in der Regel vielmehr eine Reihe von Samenjahren dazu erforderlich sein. Während schon vor dem letzten Vorbereitungshiebe vereinzelte, in der Begrünung vorgeschrittenere Oertlichkeiten dem Aufschlage dauerndes Gedeihen zu sichern vermochten, werden am Schlusse der Vorbereitung sich immer noch Stellen finden, für welche letzteres nicht zutrifft, die noch zurück sind und dann erst nach einer späteren Mast Erfolg zeigen, wenn vielleicht ringsum schon Nachlichtungen zum Zwecke der Erhaltung und Entwicklung des heranwachsenden Aufschlages zulässig oder räthlich erscheinen.

Die erfolgreiche Ansamung ist somit keineswegs an eine engbegrenzte Zeit, an eine einzelne Mast oder ganz bestimmte Schlagstellung gebunden, und deswegen, weil sie in der Regel also durch einen längeren Zeitraum und verschiedene Schlagstellungen sich hindurch ziehen wird, sind die gebräuchlichen Bezeichnungen „Samenschlag" oder „Besamungsschlag" durchaus unzutreffende. In dem ganzen Prozesse der natürlichen Buchenverjüngung gibt es kein Stadium, welches jener Begriff zu decken vermöchte, und Niemand ist im Stande, die zeitlichen Grenzen eines „Samenschlages" festzulegen, das Wesentliche desselben zu definiren. Vorbereitungshiebe bezüglich Vorbereitungsschlag, Nachlichtungen bezüglich Lichtschlag hingegen sind voll und scharf bezeichnende Begriffe, welche für jene keinen Raum mehr lassen. Aber nicht allein weil völlig überflüssig, vielmehr noch weil verwirrend, verdienen obige Bezeichnungen gänzlich beseitigt zu werden.

Der im Allgemeinen zutreffenden Regel, daß geschlossene Buchenbestände mit alleiniger Hülfe naturgemäßer Vorbereitung sich verjüngen lassen und verjüngt werden müssen, stehen leider zu häufige Ausnahmen gegenüber, solche Fälle also, in denen ohne Bodenbearbeitung eine erfolgreiche Ansamung nicht stattfinden kann. Es sind das eben diejenigen Oertlichkeiten, an denen eine hinreichende Bodenbegrünung durch wohlthätige Schlaggewächse nicht zu erreichen ist: sonnige, zum Austrocknen neigende Hänge ohne genügende Laubdecke; dem Winde offene Parthien mit bereits beginnender oder vorgeschrittener Verödung; an sich arme Standorte, auf denen aus vorliegenden besonderen Gründen die Buche erhalten werden soll; Bestände, welche ehemals der Laubnutzung unterworfen waren; falsch behandelte und daher bislang verunglückte, bereits verunkrautete Schläge u. s. w. Unter solchen Umständen verkommen die Bucheln: entweder sie fallen den Thieren zum Opfer, den Vögeln, den Mäusen, dem Wilde, oder die Sonne lockt ihre Keime zu früh hervor und überliefert sie damit dem Verderben durch Frost oder Hitze. Was aber auch wirklich diesen Uebeln entging, vermag nicht gedeihlich Fuß zu fassen und die erste erheblichere Bodenerhitzung macht dem kümmerlichen, nur an einem Faden hängenden Dasein ein jähes Ende.

Derartige, die rein natürliche Verjüngung ausschließenden Verhältnisse gebieten um so energischere Eingriffe, je ungünstiger sie liegen. Mit der üblichen flachen und dabei noch grobschollligen Bodenbearbeitung ist da nicht auszukommen, denn sie vermindert die Fähigkeit des Bodens, die Feuchtigkeit zu bewahren, und anstatt die Kapillarität des letzteren zu fördern, unterbricht und beeinträchtigt sie dieselbe, bleibt mithin, wie ja die Erfahrung so unendlich oft lehrt, ein völlig vergebliches Abmühen. Nur möglichst tief greifende und dabei sorgfältige Bodenlockerung, welche der jungen Buche ein unbehindertes, rasches Eindringen in tiefere, frischere und kühlere Bodenschichten ermöglicht, gewährleistet einigermaßen den Erfolg. Wo, wie im Berglande vielleicht in den meisten Fällen, die Hacke nicht ausreicht, nehme man den Rodespaten oder die Spitzhacke zur Hand und beschränke sich, da unter diesen Umständen eine streifenweise Bearbeitung der Kosten wegen ausgeschlossen ist, auf kleine Saatplatten in etwa 1 m Abstand. Sorgfältigste Reinigung von allem Gewurzel und Steinen versteht sich von selbst. Horizontallegung der Platten schwächt die Einwirkung der Sonnenstrahlen ab, eine Versenkung gegen die Oberfläche des umgebenden, unberührten Bodens führt den Platten ein vermehrtes Quantum von Niederschlägen zu und trägt gleichzeitig durch Anhäufung und Festhalten des dürren Laubes zur Bewahrung der Bodenfrische und -Kühle wesentlich bei. Es sei hier noch ausdrücklich hervorgehoben, daß zwischen dem intakten und dem in der Zersetzung bereits weit vorgeschrittenen Rohhumus wohl unterschieden werden muß. Den bezüglich der jugendlichen Buche schädlichen Einwirkungen des letzteren stehen die wohlthätigen des ersteren gegenüber, dessen Einlagerung zwischen dem Jungwuchse — eine Ueberlagerung darf natürlich nicht stattfinden — stets willkommen zu heißen ist.

An schroffen Hängen, an denen die Herstellung derartiger Platten nicht möglich erscheint, empfiehlt sich die Aushebung scharf und tief eingeschnittener, horizontaler Rillen.

Bodenverunkrautung bedingt in der Regel Pflanzung und nur dort, wo dieselbe noch in den Anfängen sich befindet und die Beschattung hinreicht, rascherem Fortschreiten derselben erfolgreich entgegenzutreten, rechtfertigen sich die Versuche mit Ansamung unter der Beihülfe sorgfältiger Bodenbearbeitung.

Es gibt Oertlichkeiten, in deren geschützten, der Sonne abgewendeten Lage, von außen herbeigetrieben, der Schnee fast regelmäßig in ungewöhnlicher Menge sich anzuhäufen und dementsprechend bis tief in den Frühling hinein zu erhalten pflegt. Unter solchen Umständen ersticken und vermodern die Bucheln zu massenhaft und häufig, als daß man berechtigt wäre, ein möglicher Weise eintretendes glücklicheres Jahr in Geduld und unthätig abzuwarten. Auch hier wird man frühzeitig im Herbste den Samen in den Boden bringen müssen, um ihn damit jenem Uebel zu entziehen.

Keine Bodenbearbeitung sollte erst unmittelbar vor, oder wohl gar nach Abfall des Samens erfolgen, vielmehr schon im Spätsommer, damit der Boden auswittert und sich setzt. Nach Abfall der Bucheln leichtes Unterbringen derselben.

Weil nun eben der Vorkommnisse so viele sind, unter denen die rein natürliche Verjüngung von vornherein ausgeschlossen erscheint, muß um so gewissenhafter und unnachsichtiger dem Gebote nachgestrebt werden, überall unter günstigeren Verhältnissen dieselbe ausschließlich durch die Axt zu erzwingen. Auf je größere Erfolge in dieser Beziehung ein Wirthschafter hinzuweisen vermag, um so berechtigter ist er, in jenen Ausnahmefällen, in Zwangslagen auf intensive Bodenbearbeitung erhebliche Kosten zu verwenden.

Die Ausführungen im vorigen Abschnitte werden den Wirthschafter befähigen, richtig zu beurtheilen, ob ein eingetretenes Samenjahr für seine Schläge Erfolg haben kann oder nicht; er wird auch die Einsicht gewonnen haben, daß die Vermehrung des Lichteinfalles unmittelbar vor oder nach der Ansamung eine völlig zwecklose Maßregel ist. Wenn der Boden noch nicht im richtigen Vorbereitungszustande sich befindet, so wird in Folge hiervon der Aufschlag wieder vergehen, mag die Beschattung sein, welche sie wolle. Hier eben liegt die Klippe, an der so mancher Buchenzüchter scheitert, indem er glaubt, durch rasche Nachlichtungen bei sich einstellendem Kümmern und Vergehen des Aufschlages retten zu können, was noch zu retten scheint: er will den Teufel durch Beelzebub austreiben. Diese voreiligen, unzeitigen Nachlichtungen, welche um so energischer fortgesetzt zu werden pflegen, je entschiedener die Verfassung des Aufschlages sich verschlechtert, sind der Krebsschaden, an welchem die Buchenwirthschaft der Gegenwart leidet. Den Kundigen lehrte Erfahrung, daß unter solchen Umständen derartige trügerische Rettungshiebe nur geeignet sind, das Verderben des Aufschlages zu beschleunigen; er erkennt den Grund des Uebels und greift nicht gleich Kurpfuschern zu Mitteln, welche nur dahin wirken, das Ende des Kranken um so schneller herbeizuführen; er legt die Hände ruhig in den Schooß und überläßt den vorzeitig sich einstellenden Aufschlag seinem von vornherein festbesiegelten Schicksale. Er erblickt in letzterem durchaus kein Unglück, er kann seine Zeit abwarten; denn des Segens, welchen diesmal noch vorzeitig die Natur über seine Schläge ausschüttete, wird er ja über kurz oder lang in gleichem Maße theilhaftig werden und dann unter für den Erfolg ungleich günstigeren Umständen.

Auch die gut vorbereiteten Schläge bedürfen bei Eintritt einer Mast keiner Lichtungen mehr und so erübrigt dem Wirthschafter nur, die nächsten Jahre hindurch ruhig und ohne weitere Eingriffe den Erfolg der Ansamung abzuwarten.

Wie bereits früher hervorgehoben, liegt der Schwerpunkt der natürlichen Verjüngung in der naturgemäßen Vorbereitung; die Nachlichtungen treten in ihrer Bedeutung dagegen zurück, und hängt das Wohl und Wehe des Aufschlages keineswegs davon ab, ob die Nachlichtungen etwas früher oder später etwas schwächer oder stärker gehandhabt werden.

Die junge Buche erträgt einen erheblichen Grad von Beschattung und wird darin von nur wenigen anderen Holzarten übertroffen. Wenn sie in dieser Beziehung in neuerer Zeit in Mißkredit gekommen ist, so trägt hieran das in Folge schädlicher Humussubstanzen regelmäßige Eingehen des jungen Aufschlages in ungenügend vorbereiteten Schlägen die Schuld. Wer einen richtigen Begriff vom Schattenerträgniß der Buche sich verschaffen will, durchwandere die modifizirten Buchen-Hochwaldbestände des Sollings. Gegen 300 Stämme auf 1 ha überschatten mit ihren unverhältnißmäßig stark entwickelten Kronen den Jungwuchs und dennoch wird dieser dadurch in den seltensten Fällen dahin gebracht werden, nach dem ihm dazu gesetzten langjährigen Zeitraume freiwillig das Feld zu räumen. Eben in der Annahme, daß in Folge des wieder eintretenden Oberholzschlusses nach etwa 30 Jahren der Jungwuchs vergehen und damit der Boden zur definitiven Verjüngung wieder frei werde, hat der Erfinder des modifizirten Buchen-Hochwaldbetriebes sich durchaus verrechnet. Der Jungwuchs ist eben nicht vergangen und seine Beseitigung erfordert in der Regel nicht unerhebliche Kosten. In so manchen Fällen aber befindet er sich noch im 15 jährigen Alter in einer derart günstigen Verfassung, daß vorsichtige Nachlichtungen eine gedeihliche Fortentwickelung ihm völlig zu sichern vermöchten.

Die mineralische Zusammensetzung des Bodens wirkt auf das Schattenerträgniß der Buche direkt keineswegs ein. Sind die übrigen Verhältnisse dieselben, so bleibt letzteres sich gleich, mögen die Bodenarten sein, welche sie wollen.

In wenigen Worten zusammengefaßt läßt sich für die Nachlichtungen die Regel aufstellen: nicht zu früh und nicht zu häufig.

Wenn auch durch sorgfältige Vorbereitung dem Jungwuchse nach Möglichkeit der Weg geebnet worden, so drohen ihm doch noch von jener unabhängige Gefahren, welche nur durch einstweilige Hinzögerung der Nachlichtung umgangen, oder in ihren Folgen bis zur Bedeutungslosigkeit abgeschwächt werden können. Spätfröste und Mäusefraß sind die am meisten zu fürchtenden Gefahren.

Dunkele Schlagstellung ist das wirksamste Vorbeugungsmittel gegen beide; sie hemmt die Wärmeausstrahlung und hält den Krautwuchs zurück, welcher den Mäusen günstige Bedingungen für ihre Vermehrung und Erhaltung darbietet. Sie befähigt auch, fiel die Ansamung diesen Uebeln dennoch zum Opfer, die Wiederholung der letzteren ruhig abzuwarten, ohne daß daraus Gefahren für den geeigneten Bodenzustand erwachsen könnten. Nicht vor dem fünften Jahre sollte die erste schwache Nachlichtung erfolgen, denn alsdann erst ist der Aufschlag hinreichend genug entwickelt, um die durch Spätfrost zerstörten Organe bald wieder ersetzen zu können. An Oertlichkeiten aber, wo Spätfröste gewöhnliche Erscheinungen sind und selbst noch älteren Verjüngungen verderblich werden, in ausgeprägten Frostlagen also, hat der Wirthschafter durch das unabweisbare Bedürfniß des Jungwuchses zu Nachlichtungen förmlich sich drängen zu lassen.

Gras- und Krautwuchs können durch Verdämmung dem Aufschlage verhängnißvoll werden, durch Verfilzung des Bodens seine Entwickelung in hohem Grade stören. Entsprechende Beschattung vermag auch dieses Uebel zu zügeln und muß solche um so stärker bemessen werden, je mehr der Standort zur Bodenverwilderung neigt. Es darf nach diesem Maßstabe um so unbedenklicher verfahren werden, als gerade die zu üppigem Krautwuchse neigenden Standorte den Buchen-Aufschlag zum größten Schattenerträgniß befähigen.

Andererseits aber gebieten auch die ungünstigen Bodenverhältnisse zögernde Nachlichtungen. Sie können der ihnen durch den Laubabfall des Oberholzes zu Theil werdenden erheblichen Zuschüsse ohne Gefahr für das Gedeihen des Jungwuchses nicht entrathen, und dann erst, wenn letzterer selber eine zur Deckung des Bodens hinreichende Menge von Abfällen erzeugt und diese festzuhalten vermag, dürfen energische Nachlichtungen eingelegt werden. Die auf schlechten Standorten doppelt nothwendige Beschattung des Bodens muß der Jungwuchs selber zu übernehmen vermögen, bevor ihm diejenige durch das Oberholz entzogen wird. Derartige Verhältnisse zwingen oftmals dazu, behufs Abwendung der Gefahr der Verödung das Wohlbefinden und die rasche Fortentwickelung des Aufschlages durch starke Beschattung einstweilen beeinträchtigen zu lassen; nur nicht bis zu hoffnungslosem Verkümmern darf letztere getrieben werden.

Noch ein anderer Umstand redet der schrittweisen, allmählichen Vermehrung des Lichteinfalles energisch das Wort. Wie die Pflanze überhaupt, so richtet auch die junge Buche ihre Organe nach Maßgabe der jeweilig vorliegenden Verhältnisse thunlichst ein, und jede Veränderung der letzteren bedingt eine entsprechende Umwandlung der ersteren. Diese aber ist niemals eine plötzliche, sie bedarf der allmählichen Uebergänge und diese ziehen sich durch einen um so längeren Zeitraum hin, je größer und schroffer die Veränderung derjenigen Bedingungen war, denen zur Zeit die Pflanze ihre Organe angepaßt hatte. Jeder erhebliche Wechsel der äußeren Verhältnisse also führt auch eine Krisis für den Organismus herbei, diesen in seinen Verrichtungen einstweilen störend oder, war dessen Konstitution eine nicht hinreichend kräftige, ihn völlig vernichtend. Unmittelbar aufeinander folgende und zu scharfe Nachlichtungen fördern mithin nicht in gleichem Maße die Entwickelung des Jungwuchses, sondern hemmen und unterbrechen dieselbe in größerem oder geringerem Maße und für einen mehr oder minder langen Zeitraum. Mit Rücksicht hierauf sollte unter allen Umständen der Gang der Nachlichtung kein rascherer sein, als das Anpassungsvermögen des Nachwuchses bequem zu folgen vermag.

Läßt man diese vorstehend hervorgehobenen allgemeinen Gesichtspunkte sich zur Richtschnur dienen, so wird unter gewöhnlichen Verhältnissen, z. B. solchen, wie bei dem im Abschnitte 2 durchgeführten Beispiele obwalten, der Gang der Nachlichtungen etwa folgender sein: fünf Jahre nach der Ansamung die erste, nach weiteren drei Jahren die zweite und so fort in thunlichst gleichmäßigen Zeiträumen bis zur völligen Räumung. Da, wie schon gesagt, die Art und Weise der Nachhiebsführung für die Erhaltung des Aufschlages und das schließliche Gelingen der natürlichen Verjüngung keineswegs von so einschneidender Bedeutung ist, wie die Handhabung der Vorbereitungshiebe, so ist der Wirthschafter berechtigt, auch andere Rücksichten als allein diejenigen auf das jederzeitige Wohlbefinden des

Jungwuchses mit obwalten zu lassen, und wird namentlich die thunlichste Ausbeutung des Lichtungs- und Werthszuwachses auf den Gang der Nachlichtungen bestimmend mit einwirken können. Immer aber bleibt sorgfältig zu erwägen, ob die durch die Hinzögerung der Hiebe dem Altholze erwachsenden Vortheile mit den dem Jungwuchse dadurch zugefügten Schädigungen im richtigen Verhältnisse stehen.

Im Allgemeinen darf als Regel hingestellt werden, daß die Räumung nicht früher zu beenden ist, als bis der Aufschlag die Höhe von 1 m erreicht hat. Ist die Verjüngung eine vollständig geschlossene, so erscheint große Aengstlichkeit hinsichtlich der weiter gehenden Hinzögerung der Räumung nicht geboten. Die durch die Fällung des Altholzes hervorgerufenen Schädigungen des Jungwuchses sehen anfänglich ärger aus, wie sie thatsächlich sind, und nach wenigen Jahren pflegen dieselben vollkommen verwachsen zu sein.

Es ist selbstverständlich, daß auch bei den späteren Nachhieben die Stämme mit umfangreicher, starkästiger Krone, sowie diejenigen, welche weitab von Abfuhrwegen tief im Innern des jungen Dickichts stehen, der Axt zuerst überwiesen werden müssen.

Als durchschnittliche Dauer der Nachlichtungen bis zu vollendeter Räumung darf ein Zeitraum von 15 Jahren angenommen werden. Rechnet man dazu diejenige der Vorbereitung, so beansprucht der ganze Verjüngungs-Prozeß einen solchen von 30 oder, faßt man die Extreme in's Auge, von 20 bis 40 Jahren.

Der Gedanke, eine solch lange Reihe von Jahren auf die Gründung eines neuen Bestandes zubringen zu müssen, hat auf den ersten Blick für Manchen etwas Abschreckendes. Es verknüpfen sich damit leicht Vorstellungen großer Zeitverschwendung und Zuwachsverluste; einiges Nachdenken aber stellt die Sache in ein ganz anderes Licht.

Die großen Rohhumusvorräthe des Buchen-Hochwaldes befähigen diesen zur Entwickelung eines so erheblichen und so lang ausdauernden Lichtungszuwachses, wie solcher bei anderen Hochwaldarten gar nicht erreicht werden kann. Und dabei handelt es sich nicht etwa um eine ungebührliche Ausbeutung der Bodenkraft auf Kosten des zukünftigen Geschlechtes, um Raubbau, zu welchem die rücksichtslose Ausnutzung unter anderen Verhältnissen so leicht führt, sondern um rationelle Verwerthung von Vorräthen und Stoffen, welche sich, zunächst noch durch die Abfälle des Altholzes, später durch die des Jungwuchses fortgesetzt erneuern. Wie schon hervorgehoben, würde die nicht vollkommene Ausnutzung des Lichtungszuwachses im Buchen-Hochwalde geradezu als eine Schleuderwirthschaft bezeichnet werden müssen.

Voll geschlossener Buchen-Hochwald auf mittleren Standorten hat im 100- bis 120jährigen Alter einen Zuwachs von $1^1/_2$ bis 2 %; die Vorbereitungshiebe steigern letzteren gar bald auf das Doppelte und darüber hinaus. Die wiederholten Hiebe sind auch fortgesetzte Anreizungen zum Lichtungszuwachse, und der Bestand ist kraft seiner Humusvorräthe in der Lage, weit über den für die Vorbereitung beanspruchten langen Zeitraum hinaus diesen Zuwachs auf gleicher Höhe zu erhalten. Daraus folgt, daß, selbst wenn die Vorbereitungshiebe in Summa mehr denn die Hälfte der ursprünglichen Massenvorräthe entnehmen, dennoch der Restbestand ein wesentlich größeres absolutes Zuwachsquantum erzeugen würde, als der Vollbestand.

Der langsame Gang der Vorbereitung bedingt mithin nicht etwa Zuwachsverluste, sondern einen ganz erheblichen Gewinn, der allein schon, ganz abgesehen also von seiner Nothwendigkeit in Bezug auf die Sicherung des Gelingens der natürlichen Verjüngung, die langsame Abnutzung gebieterisch verlangt.

Auch während der Zeit der Nachlichtungen bleibt der Lichtungszuwachs derselbe, das absolute Zuwachsquantum aber muß, dem Fortschreiten der Hiebe entsprechend, mit der Zeit sinken, und zwar während der letzten Stadien des Verjüngungsprozesses weit unter das Maß desjenigen des geschlossenen Bestandes vor dem Anhiebe herab. Dann aber ist der Jungwuchs bereits mit eingetreten und ergänzt, was der geringe Rest des Altholzes nicht mehr zu leisten vermag, so daß auch während dieses Zeitraumes die Produktionskraft des Bodens unausgesetzt zum Vollen ausgenutzt wird.

Es ist einleuchtend, daß die natürliche Verjüngung des Buchen-Hochwaldes mit den gegenwärtigen Betriebsplänen, welche auch den Buchenzüchter in die Zwangsjacke der 20jährigen Perioden einengen, nicht zu vereinbaren ist. Die Buchenwirthschaft bedarf eines ungleich freieren und weiteren Spielraumes wie die Kahlschlagwirthschaft, weil sie in weit höherem Grade den nicht nach Tag und Jahr sich regelnden Einwirkungen der Natur unterworfen ist. Selbst unter dem Obwalten der günstigsten Verhältnisse muß ja der Prozeß der natürlichen Buchen-Verjüngung über den Rahmen einer 20jährigen Periode hinauswachsen. Der Wirthschafter, welchem nur die Buchenbestände der ersten Periode zur Verfügung stehen, muß sich nothwendig schon bei Ablauf der nächsten zehn Jahre vollständig festgewirthschaftet haben.

Diesem in der Gegenwart zweifellos vorliegenden Uebelstande aber kann mit Leichtigkeit abgeholfen werden, ohne daß gleichzeitig die durchaus berechtigte Periodenwirthschaft, für welche trotz so mancher Anfeindungen noch Niemand Brauchbareres an die Stelle zu setzen vermochte, über den Haufen gestoßen zu werden brauchte. Man stelle nur anstatt jetzt ausschließlich die erste auch noch die zweite Periode dem Wirthschafter zur freien Verfügung. Oder aber der Betriebsplan ermächtige je nach dem Bedürfnisse zur Vorziehung einer gleichgroßen Holzmasse aus der II. in die I. Periode, als aus dieser in jene als Nachhiebs-Rückstände nothgedrungen mit hinüber genommen werden muß. Durch Bezeichnung derjenigen Bestände II. Periode, auf welche sich die nothwendigen Vorgriffe zu beschränken haben würden, könnte zu großer Willkür entgegengetreten werden.

Der berechtigtste Vorwurf, welcher dem langjährigen Verjüngungszeitraume vielleicht gemacht werden kann, ist ein rein ethischer. Ein Gefühl selbstlosen Entsagens wird den Buchenzüchter beim Anhiebe seiner Bestände beschleichen. Er muß sich vorstellen, daß er nicht selber den Lohn seiner unablässigen Sorge und Sorgfalt in dem frohen Heranwachsen einer hoffnungsreichen neuen Generation einernten wird; er hat damit zu rechnen, schon früher vom Schauplatze seines Wirkens abgerufen zu werden, bevor augenfälliger Erfolg sein Werk zu krönen begann. Der Anerkennung der Mitwelt wird er entbehren müssen und die Nachwelt dürfte seiner kaum noch gedenken, obgleich er es war, dessen vorbereitenden Schritten ausschließlich der endliche Erfolg zu verdanken ist. Ihn wird die schwere Sorge quälen, ob der, welcher nach ihm kommt, seine Schritte zu erkennen und unentwegt ihnen zu folgen vermag, ob derselbe vom gleichen Geiste beseelt und auch befähigt sein wird, das Werk, welches mit allem Vorbedacht und reiffster Erkenntniß sorgfältig eingeleitet worden, getreulich und pietätvoll weiterzuführen. Nun, im Entsagen übt sein dennoch unvergleichlich schöner und befriedigender Beruf den Forstmann ja unausgesetzt und nicht etwa rascher Erfolg ist der Lohn, welchem er nachzustreben hat, sondern dies: „daß er im innern Herzen spüret, was er erschäfft mit seiner Hand.“ Wenn aber noch andere schöne Worte Schiller's, welche er nach Durchblättern eines Betriebsplanes an dessen Rand schrieb, im Allgemeinen zutreffen, so doch insbesondere für den Bewirthschafter des Buchen-Hochwaldes. Sie lauten: „Ich hielt Forstleute auch für gewöhnliche Menschen, aber Ihr seid groß. Frei von des Egoismus Tyrannei reifen Eures stillen Fleißes Früchte einer späten Nachwelt zu."

Wer aber einmal zum Pfleger des Buchen-Hochwaldes berufen worden, der sollte dauernd an sein Werk gefesselt, dem müßten die äußeren Verhältnisse derart gestaltet werden, daß er schaffensfreudig auf seinem Posten auszuharren vermag, bis arbeitsmüde die erschlaffte Hand sich zur Ruhe legt. Die gerade in der Buchenzucht so schwer zu erringenden und so schwer wiegenden Erfahrungen wurden auf Kosten des Waldes gewonnen, sie müssen zu seinem Vortheile nach Möglichkeit auch wieder ausgenutzt werden. Nicht jugendlicher Thatendrang, sondern auf dem Boden liebevoller Beobachtungen herangereifte Bedächtigkeit ist es, welche die größten Erfolge erzielen wird. Ein häufiger Wechsel in der Person des Wirthschafters muß unter allen Umständen die nachtheiligsten Folgen für den Buchen-Hochwald nach sich ziehen.

4. Füllung der Lücken und Einsprengung anderer Holzarten.

Nur in Ausnahmefällen wird die natürliche Verjüngung umfangreicherer Bestände in derart vollkommener Weise gelingen, daß eine Vervollständigung durch künstlichen Anbau überflüssig erscheint. Mancherlei schädliche Einwirkungen, deren gänzliche Vermeidung außerhalb des Machtbereiches des Wirthschafters liegt, wie z. B. Spätfröste, Dürre, Wild, Mäuse, Insekten 2c., werden mehr oder minder erhebliche Fehlstellen hervorrufen, zu deren Füllung Kulturmittel schließlich zur Hand genommen werden müssen. Wo günstige natürliche Verhältnisse und Geschicklichkeit zusammenwirken, beschränkt sich die Nothwendigkeit der Nachbesserung auf das geringste Maß, währenddem entgegengesetzte Umstände nicht selten zur gänzlichen Beseitigung des Buchen-Hochwaldes und dessen Umwandlung in Nadelholz führen.

Nicht unmittelbar nach erfolgter Schlagräumung kann mit Sicherheit das nothwendige Maß der Auspflanzungen beurtheilt werden. Manche junge Buche, alsdann noch verborgen unter Gras- und Krautwuchs, entzieht sich einstweilen den Blicken, ist aber entwickelungsfähig und wird sich unter vollem Lichtgenusse bald zu lebhaftem Wachsthume aufschwingen. Ein zu rasches Vorgehen mit den Schlagergänzungen ist daher Uebereilung und führt nicht selten zu erheblicher Geldverschwendung. Vollgültige Beweise hierfür sind die oft genug in jungen Buchenbeständen wahrzunehmenden kümmernden, weil durch nachträglich noch emporgekommene Buchen völlig überwachsenen Fichtengruppen, deren Einpflanzung, voreilig vorgenommen, sich später als eine durchaus überflüssige Maßregel herausstellte.

Auch darin fehlt man nicht selten, daß zu geringfügige Lücken der Auspflanzung gewürdigt werden. Nur solche Fehlstellen bedürfen der Füllung, deren Größe hinreichend erscheint, den demnächstigen Vollertrag des gegründeten jungen Bestandes zu beeinträchtigen. Daß der volle Bestandesschluß örtlich vielleicht einige Jahre auf sich wird warten lassen, kann hierbei als maßgebend nicht hingestellt werden.

Andererseits aber auch läßt sich das Abwarten mit der Ergänzung ebensowohl übertreiben. Umfangreichere Fehlstellen leiden unter fortschreitender Bodenverarmung; gegenwärtige Ertragslosigkeit und durch die Verminderung der Bodenkraft hervorgerufene dauernde Zuwachsverluste gebieten rechtzeitige Kultur.

Bei kleineren Lücken bleibt ferner zu berücksichtigen, daß deren Füllung mit jedem Jahre wachsende Schwierigkeiten sich entgegenstellen, indem der anliegende Bestand infolge seiner raschen Entwickelung die Ergänzungskultur mehr und mehr einengt, beschattet und die Frostgefahr steigert.

Es ist so leicht nicht, in allen Fällen den richtigen Zeitpunkt zu erkennen, und nur sorgfältige Erwägung der einwirkenden Umstände und Erfahrung vermögen vor Mißgriffen zu schützen. Es darf nicht etwa dem Ermessen urtheilsunfähiger Untergebener die Zeit und das Maß der Schlagergänzungen anheimgestellt, oder letzteres wohl gar dem Belieben der ausführenden Arbeiter, welche in dieser Beziehung des Guten so leicht zu viel thun, überlassen bleiben.

Eine noch ungleich bedeutungsvollere Aufgabe ist die richtige Auswahl der zu verwendenden Holzarten. Es handelt sich hierbei ja keineswegs allein darum, Lücken und Blößen in kürzester Zeit möglichst vollkommen zu decken, sondern vielmehr noch darum, solches in einer für die ungeschmälerte Erhaltung des Buchen-Hochwaldes thunlichst geeigneten und seine Rente durch höhere Nutzholzausbeute steigernden Weise zu erreichen. Wo seine Erhaltung nicht als vornehmster Grundsatz hingestellt wird, kann von Buchen-Hochwaldwirthschaft füglich nicht mehr die Rede sein, und wer nicht dahin trachtet, deren Erträge durch Einmischung werthvoller Holzarten zu heben, hat seine

Zeit nicht verstanden und trägt dazu bei, den Buchen-Hochwald fernerweit in Mißkredit zu bringen.

Keineswegs allein für Oertlichkeiten, welche unter schlechten Brennholzpreisen zu leiden haben, sondern auch für solche, welche vergleichsweise noch befriedigende Buchenholzpreise erzielen, hat das vorliegende Thema eine hervorragende Bedeutung. Denn unter allen Verhältnissen vermag die zweckmäßige Einmischung richtig gewählter Holzarten die Erträge des Buchen-Hochwaldes wesentlich zu erhöhen, während Mißgriffe ebenso erhebliche Nachtheile im Gefolge haben können und werden.

Der Buchen-Hochwald ist die Nähramme so vieler leistungsfähiger Holzarten, und vermag in Bezug hierauf keine andere Betriebsform sich ihr an die Seite zu stellen. Diesem außerordentlich wichtigen Vorzuge steht ausschließlich nur der Nachtheil entgegen, daß im Gegensatze zu verschiedenen anderen werthvollen Holzarten die Buche die rascher wachsende ist und hierdurch jene in der Regel bis zur vollsten Gefährdung ihrer dem Zwecke entsprechenden Entwickelung und schließlich ihrer Existenz überhaupt beeinträchtigt werden, so sehr im Uebrigen die Verhältnisse denselben auch zusagen. In diesem Umstande eben liegt die Schwierigkeit mancher sonst so sehr erwünschten Einsprengung.

Daß in Bezug auf die Lückenfüllung viel gesündigt worden ist und wird, kann leider nicht bestritten werden. In erster Reihe muß hier die rücksichtslose, jedes klare Ziel entbehrende Füllung aller Lücken und Blößen durch Fichten als ein Krebsschaden hingestellt werden, an dem so mancher Buchen-Hochwald dahinsiechen wird. In unendlich vielen Fällen hält es schwer, zu entscheiden, ob im Bestande die Buche vorwiegt oder die Fichte. In größeren und kleineren Horsten und Gruppen wechseln beide Holzarten mit einander ab, und dazwischen noch unmittelbares buntes Durcheinander. Man machte sich eben die Aufgabe, die vorwiegend dem eigenen Ungeschick zu verdankenden Fehlstellen zu decken, möglichst leicht, ohne dabei der Mühe sich zu unterziehen, ein Bild von der Zukunft eines derartigen Mischmasches zu entwerfen. Wahrlich ein Denkmal des Leichtsinns, der Gedankenlosigkeit, welches damit der Wirthschafter sich gesetzt hat! Es gehört gewiß nicht viel Nachdenken dazu, um dieses planlose Durcheinander als das zu erkennen, was es thatsächlich ist: ein bedauernswerthes Kind des Ungeschickes, dem eine glückliche Zukunft nimmermehr vorhergesagt werden kann. Wie wird letztere sich gestalten?

Trotz allen anfänglichen Vorsprunges müssen die Buchen gegen die eingeschlossenen Fichtenpartien gar bald zurückbleiben. Letztere entwickeln sich um so freudiger, als sie ja eben auf ihnen ursprünglich nicht zukommenden guten Standorten stocken und ihnen der sie umgebende Buchenbestand als Amme fortgesetzt dienstbar ist. Schon im Stangenholzalter ragen die Fichtenhorste hoch empor und beginnen nun die Stürme, ihr Spiel mit ihnen zu treiben. Nicht lange vermag dieses zu dauern, denn die Widerstandsfähigkeit muß ja, auch ganz abgesehen von der so ungünstigen Stellung in isolirten kleineren oder größeren Horsten, eine äußerst geringe sein. Ihre Bewurzelung hat sich in Folge des ursprünglich so geschützten Standortes nicht auf die späterhin ungleich ungünstigeren Verhältnisse eingerichtet, und der ihr in der obersten Bodenschicht dargebotene Nahrungsreichthum trug das Seinige dazu bei, sie an der Oberfläche zu erhalten: sie entbehren der nothwendigen Festigkeit. Rechnet man hinzu, daß gerade unter den hier ins Auge gefaßten Verhältnissen die Stammfäule besonders frühzeitig und massenhaft sich einzustellen pflegt, so steht ein durchaus klares Zukunftsbild vor unseren Blicken: längst vor dem ihnen zugedachten Alter segnen unsere Renommisten das Zeitliche; was sie zurücklassen, ist Verwüstung, und rathlos steht der Nachkomme vor einer Aufgabe, welche unverzeihliche Kurzsichtigkeit vergangener Zeit ihm überlieferte. Rechnet man denn wirklich darauf, daß die Fichte, der doch in reinen Beständen in so unendlich vielen Fällen nur ein Umtriebsalter von 80 bis 90 Jahren zugewiesen werden darf, mit der Buche bis zur Verjüngung aushalten soll, liegt dazu irgend eine Berechtigung vor? Wenn aber nicht, womit vermag man alsdann ihre massenhafte, planlose Einmischung zu rechtfertigen? Der Zustand, welcher durch früh- und vorzeitigen Abgang der Fichte unter solchen Umständen hervorgerufen wird, kann doch nicht unglücklicher gedacht werden. Die Lücken, welche die Fichten zurückgelassen haben, sind zu gering, stehen zu sehr unter der Einwirkung des umliegenden Bestandes, um wieder angebaut werden zu können, sind aber groß und zahlreich genug, um letzteren den nachtheiligsten Einflüssen der Atmosphärilien auszusetzen. Es bieten sich den Stürmen die geeignetsten Angriffspunkte, massenhafter Windbruch muß eintreten, die Laubdecke wird verweht und damit der Boden der Verarmung und schließlichen Verödung anheimgegeben. Um sofort die natürliche Verjüngung einzuleiten, dazu ist der vielleicht 50—70jährige Bestand noch nicht herangereift, ihr würde in Folge der durch die Bestandeslücken geschaffenen ungünstigen Verhältnisse der Erfolg von vornherein so wie so in hohem Grade verkümmert sein. Was also machen? Schade, daß nicht diejenigen, welche vormals den Grund legten zu solchen Zuständen, auch berufen sein können, diese Frage zu entscheiden!

Es muß bei der Entscheidung über das Maß des Fichten-Einbaues auch die geringe Güte des auf gutem Buchenboden erwachsenen Fichtenholzes in Rücksicht gezogen werden.

Nur in solchen Fällen ist umfangreicher Fichtenanbau gerechtfertigt, wenn die betreffende Fläche einen Umfang hat, groß genug, um den auf ihr zu gründenden Bestand als selbständig und unabhängig von seiner nächsten Umgebung hinstellen zu können; gruppen- und horstweise Einmischung muß als eine durchaus verwerfliche Maßregel bezeichnet werden.

Wo aber reine Fichtenbestände eintreten, hat die Buchen-Wirthschaft aufgehört, da liegt eben eine Umwandlung in Nadelholz vor. Bevor man zu diesem verhängnißvollen Schritte sich entschließt, bleibt wohl zu erwägen, ob die obwaltenden Umstände wirklich zu einem solchen hindrängen. Nur die Ungunst des Standortes, welcher der künstlichen Buchen-Nachzucht keinen Erfolg mehr gewährleistet, vermag als triftiger Grund anerkannt zu werden, nimmermehr aber etwa die Geringwerthigkeit des Buchenholzes. Haben in dieser Beziehung die Verhältnisse bis zur Hoffnungslosigkeit sich gestaltet, lassen sie wirklich die Einschränkung des Buchen-Hochwaldes als zweifellos wünschenswerth erscheinen, wohl, dann quäle man sich doch nicht überall erst noch mit der natürlichen Buchen-Verjüngung herum, die Bodenkraft nutzlos opfernd, dem Zufalle ein Spielball. Dann wähle man von vornherein die geeignetsten Bestände zur vollständigen Umwandlung heraus, erhalte der Buche nun aber den Rest auch ungeschmälert.

Wenn aber die Standortsverhältnisse eine theilweise Umwandlung in Nadelholz entschieden gebieten, dann runde man die Holzarten gegen einander sorgfältig ab und vermeide strahlenförmiges Ineinandergreifen, schärfere Winkel und allmähliche Uebergänge von Gemisch zu reinen Beständen. Zu diesem Zwecke wird der Buchen-Hochwald weitere Opfer bringen müssen, indem eine derartige scharfe Abgrenzung und Abrundung nicht zu seinen Gunsten, sondern auf seine Kosten vorgenommen werden muß. Es würde ein Mißgriff sein, wollte man, um weitere Einbuße von ihm abzuwenden, Flächen ihm überweisen, welche ihm nicht gebühren; da ist es richtiger, umgekehrt mit Nadelholz auf Standorte überzugreifen, welche dem Buchen-Hochwalde noch gutes Gedeihen zu sichern vermöchten. Die Vortheile der Abrundung sind eben größer als die mit ihr in dieser Beziehung verknüpften Opfer.

Es muß fernerhin als ein oft genug zu beobachtender Fehler hingestellt werden, wenn an solchen Oertlichkeiten, denen nun doch einmal die Fichte als künftige Herrscherin bestimmt ist, Buchen in kleinen Gruppen oder wohl gar im Einzelstande belassen werden. Keine andere Holzart verhält sich gegen eingesprengte Laubholzarten unduldsamer, wie eben die Fichte; was davon ihrem Einflusse, ihrer Herrschaft voll unterworfen ist, hat keine glückliche Zukunft, wird entweder unterdrückt oder aber zur Bildung von Stammformen gezwungen, wie solche unvortheilhafter wohl nicht gedacht werden können. Der Höhenwuchs, der Buche z. B., bleibt gegen denjenigen der Fichte in vereinzelten Fällen nicht zurück, aber es ist den Einmischlingen dauernd die Fähigkeit benommen, die Aeste abzustoßen, sich zu reinigen, und noch in einem Alter, in welchem unter günstigeren Verhältnissen, innerhalb reiner Laubholzbestände, dieser Prozeß längst vor sich gegangen sein würde, stehen sie da, mit Aesten behaftet von unten bis oben. Nicht etwa allein, daß die abgestorbenen Zweige außergewöhnlich lange am Stamme haften, das Absterben selber wird ungemein erschwert und verzögert. Ohne über diese überall sich wiederholende Erscheinung belehrt zu sein, würde man sich zur Annahme des Gegentheiles für berechtigt halten. Wie nun erklärt es sich, daß in dem engen Gedränge der Fichte, unter der Herrschaft ihrer so dunkelen Beschattung, unter Umständen also, welche so entschieden auf eine rasche Stammreinigung hinzuwirken scheinen und beim Nadelholze diese auch thatsächlich bewirken, die untere Beastung der Buche, der Eiche 2c. so ungewöhnlich lange weiter zu vegetiren vermag? Die Wissenschaft hat von dieser Thatsache noch keinerlei Notiz genommen, mithin dieselbe auch noch nicht zu erklären vermocht.

Aber nicht allein dieser Uebelstand haftet den Buchen-Einmischlingen unter Fichten an, ihre Schäfte an sich zeigen die unglücklichsten Formen. Es fehlt ihnen Rundung; sie werden und bleiben buckelig und knorrig, wie in dieser Weise innerhalb reiner Buchenbestände niemals beobachtet werden kann.

Angesichts dieser Umstände muß gefordert werden, daß an den der Fichte überwiesenen Oertlichkeiten der vereinzelte Buchenaufwuchs gründlichst beseitigt wird. Wo solcher mit doch nun einmal aussichtsloser Zukunft sich breit macht, kann die Fichte unendlich mehr leisten. Selbstredend aber darf sich die Fortnahme nicht auch auf Horste erstrecken, deren Umfang groß genug ist, sie der vollen Beherrschung durch die Fichte zu entziehen.

So sehr das massenhafte, planlose Einmischen der Fichte zu ververdammen ist, so sehr empfiehlt sich die vereinzelte Einsprengung derselben. Nicht daß von ihr in diesem Stande ein Ausdauern bis zur Verjüngung zu erwarten wäre, sie wird ein Objekt der späteren Vornutzung sein. Dem entsprechend und so zwar ist ihr Abstand zu bemessen, daß ihre demnächstige Beseitigung den Buchenbestand vollkommen intakt läßt. Bei einer Entfernung von nicht unter 18 m von einander wird die Vollwüchsigkeit des letzteren auch dann in keiner Weise beeinträchtigt werden, wenn die Herausnahme erst in höherem Alter geschieht und die Fichten zu stattlichen Nutzholzstämmen herangewachsen sind. Große Lockerheit und vergleichsweise erheblicher Astreichthum beeinträchtigen den Werth des Holzes allerdings, dennoch aber ist diese Art der Einsprengung durchaus geeignet, die Massen- wie Gelderträge des Buchen-Hochwaldes wesentlich zu erhöhen.

Selbstverständlich werden im vorliegenden Falle ausschließlich nur kräftige verschulte Pflanzen zur Verwendung kommen dürfen, welche geeignet sind, den Kraut- und Graswuchs thunlichst bald zu überwinden. Man zögere aber nicht zu lange mit der Einsprengung, nicht etwa bis dahin, daß die jungen Buchen, schon mehr befreit vom stärkeren Drucke des Oberholzes, sich bereits zu lebhafterem Höhenwuchse aufschwingen. Alsdann würde schon die Gefahr nahe liegen, daß die anfänglich doch kümmernden Fichten unterdrückt werden und damit der Zweck und das Ziel verfehlt sind. Es steht dem gar kein Bedenken entgegen, schon sogleich nach der ersten Nachlichtung mit der Einpflanzung vorzugehen. Ein noch früherer Zeitpunkt ist nicht gerathen, weil alsdann den Fichten Zeit verbliebe, in unerwünschter Weise sich zu beasten und breit zu machen.

Umstände gebieten nicht selten, zur Belebung kümmernder Buchen-Jungwüchse, so namentlich in Frostlagen, andere Holzarten heranzuziehen. Da ist die Kiefer am Platze. Ihre Raschwüchsigkeit gewährt bald den erwünschten Schutz, ohne daß sie, wie die Fichte, ihre Schützlinge zu arg beschattet und bedrängt. Jenen ihren Zweck wird sie bald erfüllt haben und dann das Feld räumen müssen, um solches der Buche allein zu überlassen. Es bleibt dabei keineswegs ausgeschlossen, auf ihr zusagendem Boden vereinzelte Stämme zu belassen, welche unter solchen Verhältnissen zu mächtigen reinschäftigen Stämmen sich zu entwickeln vermögen. Ihre Ausdauer im Buchen-Hochwalde übertrifft oftmals diejenige der Fichte, so daß sie nicht selten das volle Umtriebsalter der Buche zu erreichen vermag. Nur insofern steht sie als Mischholz hinter der Fichte zurück, als sie mehr Raum beansprucht und ihre breitere Krone bei Herausnahme in späterem Alter größere Beschädigung am Bestande verursachen wird. Wo nicht auf volles Ausdauern bis zur Verjüngung zu rechnen ist, darf die über das Ziel der Belebung des Buchen-Jungwuchses hinausdauernde Einsprengung der Kiefer daher nur eine durchaus mäßige sein und müssen ihre Abstände weiter bemessen werden, als diejenigen der Fichte. Auch bei der Kiefer wird nur die Pflanzung thunlichst kräftiger, in Pflanzschulen erzogener Pflänzlinge in Frage kommen können.

Die Lärche hat die ihr einstmals beigelegte wichtige Rolle ausgespielt und findet außerhalb ihrer Heimath nur selten noch einige Beachtung. Der Buchen-Hochwaldwirthschaft vermag sie dennoch vielfach wesentliche Dienste zu leisten. In noch höherem Grade als die Kiefer ist sie der Buche eine unübertreffliche Pflegemutter, welche ihre herabgekommenen, kümmernden Schützlinge behütet, ernährt, pflegt und selbst dann noch wohlthätig beeinflußt, wenn solche längst schon auf eigenen Füßen zu stehen vermögen. Ihr Höhen- und Stärkenwachsthum sind erstaunlich, und bereits in einem Alter, in welchem andere Nadelhölzer erst die geringsten Stangen-Sortimente zu liefern vermögen, kann sie zu stärkeren, vielbegehrten Nutzholzstämmen herangewachsen sein. Ihr weit hervorragender Höhenwuchs bringt ihr keine Gefahr, da dünne Belaubung und tiefe Bewurzelung sie der Sturmbeschädigungen überheben. Ob sie das volle Umtriebsalter der Buche zu erreichen vermag, kommt bei ihrer Einsprengung noch weniger in Betracht, wie bei derjenigen von Fichte und Kiefer, da ihre leichte Krone die jederzeitige Herausnahme noch unbedenklicher gestattet. Die Einmischung der Lärche darf daher eine reichlichere sein, und die durch sie zu erzielenden Vornutzungserträge sind die denkbar höchsten. Nicht selten aber, und wenn irgendwo, so innerhalb des Buchen-Hochwaldes, vermag die Lärche ein höheres Alter zu erreichen und voll auszureifen. Die Buche, welcher sie anfänglich die sorgsame Behüterin gewesen, wird dann ihre dankbare Beschirmerin.

Ueberall dort also, wo es darauf ankommt, die gesunkene Bodenkraft rasch wieder zu heben, den kümmernden Jungwuchs zu beleben, ungebührlich sich verzögernden Schluß herbeizuführen, greife man getrost zur Lärche. Gibt es noch Rettung für den Buchen-Aufschlag, sie wird dieselbe bringen. Als entschiedener Vorzug darf ferner hervorgehoben werden, daß die Lärche selbst noch als starker Heister mit sicherem Erfolge sich verpflanzen läßt und dadurch eine um so rascher erfolgende günstige Beeinflussung der Kümmerlinge und des Bodens ermöglicht werden kann.

Auch die Weymouthskiefer vermag in Buchen-Jungwüchsen nützliche Verwendung zu finden. Man wird sie wohl nicht ihrer selbst willen einsprengen, aber als Lückenbüßer wird sie mitunter einspringen können, so da, wo verspätete Aushiebe von Stockausschlägen oder unwillkommenen Weichhölzern, Mäusefraß 2c. Lücken geschaffen haben, in denen wegen Seitendruckes andere Holzarten nicht mehr aufzukommen vermögen. Außerordentliches Druckerträgniß, verbunden mit Schnellwüchsigkeit, werden auch unter diesen Umständen das Heranwachsen dieser Holzart ermöglichen.

Ueberall dort, wo die Erhaltung des Buchen-Hochwaldes in vollem Umfange erstrebt wird, muß selbstredend die Buche selber beim Anbau größerer Lücken und Blößen einspringen; aber nicht aus jenem Grunde allein, sondern auch, um auf ihnen den etwa einzusprengenden anderen Holzarten den ihnen wohlthuenden Einfluß zu verschaffen. Nur für solche Fehlstellen, deren geringer Umfang letzteren auch in ihrem Innern sichert, können ausschließlich edlere Holzarten in Frage kommen. Es sind mithin zwei Gesichtspunkte, nach welchen die Buche selber bei den Schlagergänzungen umfassende Verwendung finden muß: die volle Erhaltung des Buchen-Hochwaldes und dessen günstige Einwirkung auf die ihm beigemischten anderen Holzarten.

Art und Zeit, in welcher der Anbau der Buche am zweckmäßigsten zu geschehen hat, werden je nach den vorliegenden Umständen sehr verschieden sein müssen. Wo auf verunglückten Schlagpartien der Bodenzustand die natürliche Ansaunmg aussichtslos macht, wird thunlichst bald vorzunehmende Saat unterm Schirm der Samenbäume auf sorgfältig bearbeitetem Boden am Platze sein. Sind Bucheln nicht rechtzeitig zu beschaffen, hingegen Saatkämpe vorhanden, so kann eine Auspflanzung mit Büscheln oder vereinzelten jungen Lohden in Frage kommen. Von einer derartigen Pflanzung überall einen guten Erfolg zu erwarten, würde durchaus irrig sein; kaum gibt es eine andere Kulturmethode, welche zu häufigeren Mißerfolgen geführt hat, als die so vielfach übliche Pflanzung von 3—6jährigen schwanken unverschulten Lohden. Ob Büschel- oder Einzelpflanzung macht dabei keinen Unterschied. Nicht allein die Buche, auch die Eiche, Ahorn und andere Laubholzarten vertragen eine Verpflanzung in diesem Alter nicht. Es fehlen ihnen alsdann noch zu sehr die Zaserwurzeln, und die überdies noch eingestutzte Pfahlwurzel ist nicht befähigt, die Erhaltung und Weiterentwickelung der Pflänzlinge zu sichern. Letztere sterben von oben her ab, schlagen tief am Stamme wieder dürftig aus, kümmern wenige Jahre und siechen schließlich ganz dahin. Nur unter besonders günstigen Verhältnissen, so auf lockerem, humosem und vor allen Dingen stets frischem Boden darf mit leidlicher Sicherheit auf Erfolg gerechnet werden. Ein rascher wird dieser aber niemals sein, und wo solcher erstrebt werden muß, greife man zu stärkerem Pflanzmateriale.

Besseren Erfolg als die Pflanzung älterer Lohden gewährleistet diejenige ein- oder zweijähriger Pflänzchen, wo nicht Kraut und Graswuchs diesen das Leben gar zu sauer machen.

Kräftige, stuffige Halbheister sind das Material, welches zu Schlagergänzungen am wärmsten empfohlen zu werden verdient. Die Buche bedarf zu diesem Zwecke nicht erst der kostspieligen Verschulung, die gut verjüngten Schlagpartien liefern derartiges geeignetes Pflanzmaterial im Ueberfluß. Sicherheit des Anwachsens, rasche Entwickelung und weitere Stellung gleichen die der Lohdenpflanzung gegenüber höheren Kosten der Halbheisterpflanzung reichlich wieder aus.

Ohne Zweifel steht in Bezug auf die dem Buchen-Hochwalde beizumischenden edlen Holzarten die Eiche an erster Stelle. Sie vermag, abgesehen von flachgründigen kräftigen Gebirgsböden, welche der Buche meistens so sehr zuträglich sind, der letzteren überallhin zu folgen und fühlt sich unter dem Schutze derselben durchaus wohl, solange sie nicht dem Ueberwachsen durch jene und stärkerem Drucke unterworfen ist. Je weniger im allgemeinen die reinen Eichenhochwaldungen den Erwartungen zu entsprechen vermochten, welche man vor längeren Jahren in sie glaubte setzen zu dürfen, je mehr die Mittelwaldungen auf immer kleinere Gebiete beschränkt werden, und der Wald seine fruchtbarsten Böden der Landwirthschaft überliefern muß, um so mehr steigt die Bedeutung der Untermischung des Buchen-Hochwaldes mit Eichen und um so allgemeiner wird dieselbe erstrebt. Es gibt, abgesehen von den vorhin angedeuteten Standorten, wohl kaum noch eine Buchen-Verjüngung, bei welcher der Eicheneinbau nicht in Frage gezogen würde.

Freilich, ihre Schwierigkeiten, welche eben in dem schließlich rascheren Wachsthume der Buche begründet sind, hat die Sache, und das Problem ist keineswegs überall glücklich gelöst. Die Erfahrungen, welche vorliegen, sind verhältnißmäßig geringfügige, denn die Vorfahren hatten sich die gleiche Aufgabe nicht gestellt, und was an derartiger Mischung vorhanden, gründete ein günstiger Zufall in immerhin nur zu seltenen Fällen. Leider läßt sich schon gegenwärtig genugsam erkennen, daß die Anstrengungen der letzten Jahrzehnte nur ausnahmsweise günstiger Erfolg krönte, in der Regel aber die auf Erhaltung und Gedeihen der eingesprengten Eichen fortgesetzt gerichteten Anstrengungen vergebliche gewesen sind. Die Anlage war eben schon bei der Bestandesgründung eine verfehlte, und dieses Grundübel bedingte nothwendig den Mißerfolg. Ob die in neuerer Zeit erfundenen Kunstgriffe, von denen nachfolgend noch die Rede sein wird, zu besseren Zielen zu führen vermögen, kann erst die Zukunft lehren. Große Bedenken stehen manchen derselben unzweifelhaft gegenüber.

Der vornehmste Grund für die Thatsache, daß die Eiche aus der ihr zusagendsten Häuslichkeit, ans dem Buchen-Hochwalde seit langen Jahren mehr und mehr verschwunden ist, muß vor allen Dingen und unbedingt in dem Umstande erblickt werden, daß man die Unterschiede der beiden Arten in ihrem forstlichen Verhalten übersah und verkannte und dafür hielt: Eiche ist Eiche. Es ist kaum zu begreifen, wie diese Abweichungen durch Jahrhunderte hindurch der vollen Erkenntniß sich haben entziehen können. Die Folgen sind verhängnißvolle gewesen, denn aus weiten Gebieten, welche sie ehemals beherrschte, denen sie ihren Stempel aufdrückte, ist die Eiche verschwunden und die Mühen der Gegenwart, ihr die ehemaligen Standorte zurückzuerobern, werden so lange mehr oder minder vergebliche sein, als vollauf die Arten-Unterschiede anerkannt und den abweichenden Ansprüchen Rechnung getragen wird.

Eine ausführliche Abhandlung über die forstlichen Unterschiede unserer heimischen beiden Eichenarten hier einzuflechten, würde den Rahmen der vorliegenden kleinen Arbeit weit überschreiten, und nur insofern, als dieselben für die Einsprengung im Buchen-Hochwalde eine wesentliche Bedeutung haben, bedürfen dieselben einer eingehenden Erörterung[1]).

Was zunächst die Anforderungen an den Standort anlangt, so ist die Stieleiche die anspruchsvollere, die Traubeneiche die ungleich anspruchslosere. Nehmen wir zum Vergleiche einen Buchen-Standort mittler Güte zum Anhalte. Der ersteren genügt dieser keineswegs mehr zur vollen Entwickelung, ihre Ansprüche gehen weiter; Tiefgründigkeit, erhebliche Frische und Humusreichthum des Bodens sind die von ihr gestellten Bedingungen. Dort erst, wo diese Eigenschaften der Boden harmonisch in sich vereint, vermag sie ihre Vorzüge glänzend zu entfalten. Das sind Aueböden, Bruchränder, vielleicht auch sehr frische Mulden in nördlichen Berglagen: Standorte vornehmlich, von denen sich die Buche wegen zu erheblicher Feuchtigkeit ganz zurückzieht, oder auf denen sie ihr volles Höhenwachsthum nicht mehr zu erreichen vermag.

Ganz anders die Traubeneiche. Auch sie verschmäht keineswegs diese spezifischen Eichen-Standorte, nimmt aber auch mit geringerem Boden fürlieb und geht in Bezug hierauf ungleich weiter herunter, als ihre Schwester. Selbst an derartigen Oertlichkeiten, an denen wegen ihrer vergleichsweisen Dürftigkeit die Buche nicht mehr zu gedeihen vermag, zeigt die Traubeneiche noch erfreulichen Wuchs.

Es ist mithin die Stieleiche anspruchsvoller, die Traubeneiche in gleichem Grade anspruchsloser wie die Buche.

Nimmt man hinzu, daß letztere Eichenart nicht unerheblich höher in die Berge hinaufsteigt, als erstere, so ergibt sich für dieselbe ein weiteres Verbreitungsgebiet und somit eine Verwendbarkeit unter allen solchen Verhältnissen, für welche die Buche nur noch irgendwie in Frage kommen kann.

Die Stieleiche entwickelt selbst auf solchen Standorten in der Jugend ein sehr lebhaftes Wachsthum, welche ihr in vorgeschrittenem Alter durchaus nicht mehr zusagen und frühzeitigen Eingang bedingen. In dieser Zeit des raschen Höhenwuchses wetteifert sie überall mit

[1]) Vergl. übrigens des Verfassers bezügliche Aufsätze in den Forstlichen Blättern Nr. 10 von 1886 u. 2 von 1887.

der Buche und überwächst dieselbe um so erheblicher, je mehr die Verhältnisse ihren Anforderungen zu entsprechen vermögen. Kaum in's Stangenholz-Alter eingetreten, mäßigt sich aber die Lebhaftigkeit des Höhenwuchses und macht sich das Bestreben geltend, auf Kosten des letzteren die Krone in der Breite zu entwickeln. In Folge dieses ihres unabweislichen Bedürfnisses bleibt die Stieleiche allmählich gegen die Buche zurück, läßt sich überholen, überwachsen und einengen. Der Wachsthumsraum, dessen sie nun einmal unbedingt bedarf, wird im Gegensatze zu dieser Anforderung mehr und mehr beschränkt und damit ihr die Möglichkeit des weiteren Gedeihens vollständig benommen.

Nur in solchen immerhin seltenen Fällen[1]), in denen wegen zu erheblicher Bodenfeuchtigkeit die Buche trotz bedeutender Stammgrundfläche einen normalen Höhenwuchs nicht zu erreichen vermag, auf Standorten also, welche als spezifische Eichen-Böden angesprochen werden können, stellt sich das Verhältniß für die Stieleiche wesentlich günstiger. Nur hier vermag sie im Buchen-Hochwalde auszudauern und bis in's späte Alter günstig sich zu entwickeln, und nur hier kann sie zweckmäßig demselben beigemischt, aber auch ohne ihn in reinen Beständen erfolgreich erzogen werden.

Man hat ja genugsam versucht, der im Buchen-Hochwalde eingeschlossenen Stieleiche durch Entwipfeln oder Herausnahme der sie bedrängenden Buchen zur Hilfe zu kommen; die Erfahrung lehrte indessen wohl hinreichend, daß damit an Oertlichkeiten, deren Verhältnisse der ersteren nicht mehr zusagen, wenig oder gar nichts ausgerichtet werden kann. Nicht das Höhenwachsthum wird durch die Raumgewinnung gefördert, sondern die der Eigenthümlichkeit dieser Holzart entsprechende Kronenausbreitung. Die verbliebenen Buchen gehen unbeirrt weiter in die Höhe, helfen auch ihrerseits den geschaffenen Raum füllen und versetzen nach wenigen Jahren die Eiche wiederum in den ihr unerträglichen alten Zustand. Um vereinzelt stehende Stieleichen zum Ziele zu führen, müßten ihr durch fortgesetzte und ausgedehnte Freihiebe Opfer gebracht werden, welche sie in keinem Falle zu verdienen fähig erscheint.

Weit günstiger liegt der Fall, wenn die Beimischung der Stieleiche eine so bedeutende ist, daß ein reiner Bestand aus ihr sich entwickeln läßt. Dann können die Buchen allmählich herausgezogen

---

[1]) So z. B. in der Oberförsterei Golchen.

werden, und späterer Unterbau vermag dem Eichenbestande die wohlthätige Beeinflussung durch diese Holzart wieder zuzuführen, ohne daß damit in dieser Form ihre ungünstigen Einwirkungen verknüpft sein würden. Jedenfalls aber bedarf es vor Ergreifung einer solch einschneidenden Maßregel der ernstesten Erwägung, ob die Verhältnisse dazu angethan erscheinen, eine derartige Radikalkur zu rechtfertigen. Ist dies im Voraus nicht völlig verbürgt, so überlasse man die Eiche lieber ruhig ihrem Geschicke. Täusche man sich nicht, Eichen-Jungwüchse prunken stets durch üppiges Wachsthum, welches später leider in nur zu häufigen Fällen in das Gegentheil umschlägt. Sie sind Blender, denen man nicht zu früh und voreilig trauen darf.

Die ungenügenden Resultate, welche die Freihiebe zu zeitigen im Stande waren, drängten zu andern Hilfsmitteln hin. In neuerer Zeit schritt man zu gruppen- oder horstweiser Einmischung der Eiche. Voraussehend, daß durch diese Stellung allein der Erfolg nicht hinreichend gesichert sei, trachtet man dahin, den Gruppen einen möglichst großen Vorsprung zu geben. Es werden Löcher in die noch vollen Bestände hineingehauen und mit kräftigen Eichen bepflanzt, wodurch letztere der nachfolgenden Bestandes-Verjüngung gegenüber etwa 20—25 Jahre gewinnen. Daß eine solche Maßregel ihre Berechtigung haben kann, daß sie Aussicht hat, unter Umständen leidliche Erfolge herbeizuführen, soll nicht geleugnet werden, große Bedenken stehen derselben dennoch entgegen.

Zunächst bleibt die Frage zu erörtern: wie groß müssen denn die reinen Eichenhorste sein? Man bemißt sie gewöhnlich auf 0,10 bis 0,12 ha. Es leuchtet ein, daß bei so geringen Flächen eine unverhältnißmäßig große Pflanzenzahl, die Randstämme eben, dem vollen Einflusse der Buchen unterworfen bleibt, zunächst demjenigen des alten Bestandes, späterhin demjenigen des Nachwuchses. Oder soll die geschaffene Lücke nicht voll bis an den Rand bepflanzt werden? Unter allen Umständen dürfte der Erfolg mit den aufgewendeten Opfern an Geld oder Fläche nicht wohl in Einklang zu bringen sein.

Zweifelhaft bleibt ferner, ob solch geringe Flächen der Stieleiche denn auch wirklich den nöthigen Spielraum dauernd zu sichern vermögen. Schon in dem Umstande, daß man auch bei dieser Art der Einsprengung einen Vorsprung der Eiche für nöthig erachtet, gibt man selber diesem Zweifel unverhohlen Ausdruck. Was aber will ein solcher, 20jähriger Vorsprung bedeuten! Viel zu früh noch für den Zweck wird derselbe durch die Buche überholt und der Zustand wieder da sein, dem man unter Darbringung erheblicher Opfer zu entgehen suchte. Es mag aber auch unzweifelhaft erscheinen, daß einige Eichen im Innern der Gruppen sich in derartiger Verfassung zu erhalten vermögen, daß sie dermaleinst übergehalten und im zweiten Umtriebe zu starken Nutzstämmen ausreifen können: ein hinreichend großer Erfolg wird damit dennoch nicht erreicht, weil die Einmischung keine umfassende war und die Anzahl der Eichen eine zu geringfügige bleibt. Man kann doch nicht Gruppe dicht neben Gruppe legen. Dadurch würden ja die schon mit den weitvertheilten wenigen Löcherhieben für den Bestand verknüpften Gefahren in's Ungeheuerliche wachsen, und der Ruin des letzteren ohne Frage heraufbeschworen werden.

Ein jeder noch so vereinzelter Löcherhieb, welcher groß genug ist, um wenigen Eichen das Aufkommen zu ermöglichen, bietet den Winden geeignete Angriffspunkte, nicht allein zur Gefährdung des alten Bestandes durch Werfen, sondern auch, und das ist das Bedenklichste bei der Sache, zur Verwehung des Laubes, zur Aushagerung und tief in die Umgebung eingreifenden Verödung des Bodens. Einem verhängnißvollen Uebel, welchem, wo es in Aussicht steht, durch Schutzmäntel mühsam vorgebaut wird, öffnet man hier unüberlegt Thür und Thor und stellt damit, wenn zahlreichere Hiebe den Bestand durchlöchern, die demnächstige natürliche Verjüngung auch für den Fall durchaus in Frage, daß Windbruch nicht eintritt. Will man aber jene Maßregel auf Lagen beschränken, welche derart geschützt sind, daß diese hervorgehobenen Gefahren für sie nicht vorliegen, so schrumpft eben der ganze derartige Eicheneinbau für die Allgemeinheit zur völligen Bedeutungslosigkeit zusammen.

Die Stieleiche gehört nun einmal nicht in den ihr gleichaltrigen Buchen-Hochwald — ein Vorsprung von 20—25 Jahren hebt die Gleichaltrigkeit keineswegs genügend auf — und das Problem, mit ihr darin große Erfolge zu erzielen, wird auch durch den gruppen- oder horstweisen Einbau schwerlich gelöst werden können. Da greife man doch lieber derber zu, überweise von vornherein der Stieleiche größere Flächen, erweitere die Gruppen zu selbständigen Beständen, welche dann später, um den wuchsfördernden Beistand der Buche ihr zu gewähren, nach stattgehabtem Lichtungshiebe zu unterbauen sind. In ausgedehnteren Buchen-Komplexen werden hierzu geeignete Standorte sich schon finden, ist dies aber nicht der Fall, so muß von der Stieleiche ganz abgesehen und zur ungleich günstiger sich verhaltenden Traubeneiche gegriffen werden.

Zur Erziehung von Stieleichen-Beständen im Buchen-Hochwalde empfiehlt es sich, im Lichtschlage gleichmäßig und reichlich Eicheln einzusäen, so daß der Stand ein hinreichend dichter wird, um dermaleinst einen reinen Bestand bilden zu können. Später, sobald das Höhenwachsthum der Eichen nachgelassen hat und die eingemischten Buchen sich nachtheilig geltend machen, sind diese gründlichst, aber allmählich zu beseitigen, und kann der nunmehr reine Eichenbestand dann zu geeignet erscheinender Zeit wieder unterbaut werden. Auf diese Weise erhält man dem letzteren nahezu unausgesetzt und in vollkommenem Maße für die ganze Lebensdauer die wohlthätige Einwirkung der Buche, ohne daß deren Schattenseiten zur Geltung gelangen könnten. Auch in pekuniärer Beziehung erscheint eine derartige Maßregel durchaus vortheilhaft.

Eine solch starke Eichen-Einsaat ist eine ungemein billige Kultur. Es genügt, daß in 2 m weiten Abständen mit dem Fuße oder mit einer Hacke auf einem kleinen Plätzchen die Laubdecke abgezogen, eine schwache Handvoll Eicheln eingelegt und die Decke wieder herübergezogen wird. Schädigungen durch Mäuse und Wild sind ihr kein so wesentliches Hinderniß, wie es scheinen möchte, da sie wiederholt werden kann, so oft nur Samen preiswürdig zu beschaffen ist, ohne daß die Summe der Kosten derjenigen einer gruppenweisen Einpflanzung auch nur annähernd gleichkäme. Von jeder Einsamung wird schon etwas übrig bleiben und somit das Ziel sicher erreicht trotz aller Kalamitäten.

In keiner anderen Beziehung weicht die Traubeneiche in ihrem forstlichen Unterschiede erheblicher von der Stieleiche ab, wie hinsichtlich ihres Verhaltens im Buchen-Hochwalde. Sie hat durchaus nicht das Bedürfniß frühzeitiger Kronenentfaltung, sie begnügt sich mit einem engeren Wachsthumsraume in gleichem Maße wie die Buche. Ihr lebhaftes, der letzteren vorauseilendes Höhenwachsthum vermag deswegen auszudauern und mit demjenigen der Buche für alle Zeit zu wetteifern. Sie zeigt niemals das geringste Unbehagen im dichten Gedränge der letzteren und treibt, im Gegensatze zur Stieleiche, ihre bescheidene, dabei aber stets kräftige und gesunde Krone frohwüchsig in die Höhe, fast regelmäßig die Buche überwachsend, und dies um so mehr, je weniger wegen seiner Dürftigkeit der Boden jener Holzart noch zusagt. Auf II. Bonität herrscht die Traubeneiche mit, auf III. beherrscht sie, auf IV. unterdrückt sie die Buche.

In Folge dieses ausdauernden, lebhaften Höhenwuchses und ihrer Unempfindlichkeit gegen die Beengung ihres Wachsthumsraumes stößt sie die unteren Aeste sehr leicht ab und bildet einen langschäftigen glatten Stamm mit dunkel belaubter Krone, auch darin der Buche durchaus ähnlich. Und eben die große Aehnlichkeit der Traubeneiche mit der Buche bezüglich ihres forstlichen Verhaltens prädestinirt die erstere geradezu zur Einsprengung im Buchen-Hochwalde.

Es gibt ja hin und wieder noch Bestände, welche die vollste Berechtigung dieses Satzes darthun [1]), welche beweisen, daß die Traubeneiche keinerlei künstlicher Hilfsmittel, als da sind: gruppenweiser Einbau, Altersvorsprung, Loshieb 2c., bedarf, um im Buchen-Hochwalde durch zwei oder drei Generationen des letzteren hindurch zu mächtigen Stämmen heranzuwachsen. Sie trägt die Befähigung hierzu in sich selber, und sie allein vermag zu dem uns vorschwebenden Ideale in einfachster Weise zu führen. Sie leistet im Einzelstande Vorzügliches unter den verschiedenartigsten Verhältnissen, im Gebirge wie in der Ebene, und kann der Buche überallhin folgen, selbst auf die der letzteren am meisten zusagenden Gebirgsarten. Ob aber auf diesen die Einmischung anderer Holzarten, als Esche, Ahorn 2c., nicht vortheilhafter erscheint, ist eine andere Frage.

Es braucht bei dieser Eichenart also keineswegs ängstlich erwogen zu werden, wie weit denn wohl die Grenzen ihrer Einsprengung gezogen werden dürfen. Da sie überall im Buchen-Hochwalde umfassende Verwendung finden kann, erscheint sie befähigt, die so beklagenswerthe Eichen-Armuth weiter Gebiete des deutschen Waldes zu beseitigen und letzteren auf die in dieser Beziehung glücklicheren Zustände der Vergangenheit zurückzuführen.

Daß ein Umtrieb nicht ausreicht, um die Eiche im Buchen-Hochwalde zu werthvollstem Nutzholze heranzubilden, liegt auf der Hand. Der Ueberhalt aber der langschäftigen, kleinkronigen Traubeneichen bedarf der langjährigen Vorbereitung. Allmähliche, vorsichtige Loshiebe nach vollendetem Höhenwuchse im Alter von etwa 100 Jahren

---

[1]) So z. B. auch in der Oberförsterei Golchen, welche in Bezug auf das Verhalten beider Eichenarten überhaupt das lehrreichste Studienmateral darbietet.

und naturgemäße lange Verjüngungs-Zeiträume genügen vollkommen, um sie dazu hinreichend zu befähigen.

Auch bei Einsprengung der Traubeneiche ist Saat die empfehlenswertheste Kultur-Methode, und hiermit zu verfahren, wie vorhin bei der Stieleiche angegeben worden ist. Da aber im Gegensatze zur letzteren erstere die Buche überwächst und zu verdrängen vermag, so soll deren Beimischung nicht in einem derartigen Maße stattfinden, daß die Buche schließlich ganz aus dem Bestande verschwindet. Wenn auch die Traubeneiche vermöge ihres andauernd dichteren Schlusses, ihrer dunkleren Beschattung und ihrer geringeren Ansprüche an den Wachsthumsraum zur Bildung reiner Hochwälder ungleich besser sich eignet, wie die Stieleiche, so erscheint es dennoch durchaus wünschenswerth, gleichaltrige Buchen als Triebholz ihr zu erhalten. Wo letzteren die Gefahr völligen Unterdrücktwerdens droht, erscheint die Beseitigung des Uebermaßes der Eichen geboten.

Reiner Samen ist schwer zu beschaffen, nicht deswegen allein, weil die Traubeneiche vergleichsweise bereits so selten geworden ist und die Samenhandlungen nicht zu bewegen sind, die Früchte beider Eichenarten streng auseinanderzuhalten, sondern auch, weil die Mastjahre jener Holzart nur in weiten Zwischenräumen wiederkehren. Ein vorsichtiger Wirthschafter wird daher jedes Mastjahr sorgfältig ausnutzen und durch Anlegung reichlicher Saat- und Pflanzkämpe gegen Mangel sich zu schützen bestrebt sein. Obgleich die Saat schon mit Rücksicht auf ihre geringeren Kosten entschieden den Vorzug verdient, wird die Pflanzung wegen Samenmangels die Regel sein. In Bezug auf den geeigneten Zeitpunkt derselben sind uns weite Grenzen gesteckt. Das erhebliche Schattenerträgnis der Traubeneiche läßt zu, daß schon im vorgeschrittenen Stadium der Schlag-Vorbereitung die Einsprengung vorgenommen wird; ihre Wuchsfreudigkeit aber erlaubt eine solche auch dann noch, wenn der Buchen-Aufschlag schon die Höhe des zur Verfügung stehenden Eichen-Pflanzmaterials erreicht hat. Der Bevorzugung des Einzelstandes seitens der Traubeneiche ist auch bei der Pflanzung gebührend Rechnung zu tragen, was aber ihre alleinige Verwendung zur Bestockung kleiner Fehlstellen und Lücken keineswegs ausschließt.

Wie bereits vorhin angedeutet, erträgt die Eiche — darin macht deren Art keinen Unterschied — eine Verpflanzung als junge schlanke Lohde nur unter besonders günstigen Umständen, wie solche z. B. die Pflanzkämpe darbieten; im allgemeinen muß ihre Verwendung in dieser

Verfassung als eine sehr bedenkliche, in den weitaus meisten Fällen keinen Erfolg habende Maßregel bezeichnet werden. In Folge des Fehlens der Zaserwurzeln und der nothwendigen Kürzung der um so stärker entwickelten Pfahlwurzel stirbt die Lohde von oben herunter allmählich ab und das Zurückschneiden auf den Wurzelstock bleibt dann die einzige, immerhin sehr unsichere Rettung. Kräftige, stuffige Halbheister verdienen trotz der erheblich größeren Kosten ganz entschieden den Vorzug.

Möchte die noch so ziemlich allgemein herrschende Gleichgültigkeit gegen die doch so wesentlichen Unterschiede im forstlichen Verhalten unserer heimischen Eichenarten bald schwinden, möchte doch anerkannt werden, welche Vorzüge gerade in dem vorliegenden Falle die Traubeneiche in sich trägt. Damit würde auch dem Buchenhochwalde geholfen sein und die ihm innewohnende außerordentliche Bedeutung als Heimstätte der Eiche wieder gewürdigt werden. Alsdann ertrüge man nicht mehr mit Gleichmuth seine unbeabsichtigte und daher unberechtigte, fortgesetzte Einschränkung, sondern würde sich mit besserem Erfolge bestreben, ihn durch naturgemäßere Behandlung zu erhalten, soweit er jenem Zwecke in nur noch einigermaßen geeigneter Weise zu entsprechen im Stande ist.

Esche und Ahorn sind in Bezug auf den Boden leider zu wählerische Holzarten, um im Buchen-Hochwalde die Verbreitung finden zu können, welche ihnen dem Werthe ihres Holzes nach gebühren würde. Kräftige Gebirgs- und Aueböden sagen beiden Holzarten zu, der Esche außerdem noch die Ränder fruchtbarer Brücher. Wo beide Holzarten in älteren Exemplaren vorhanden sind, macht ihre Einsprengung keine Sorge. Sie tragen sehr häufig und reichlich Samen, so daß schon in den Vorbereitungsschlägen ihre Ansiedlung stattzufinden pflegt, oft genug in einem Uebermaße, welches dem Buchen-Nachwuchse gefährlich zu werden vermag. Da der Samen weit verfliegt, so genügen wenige, ganz vereinzelte Stämme, große Schläge mit Jungwuchs reichlich zu versorgen. Ihr Wachsthum ist auf solch günstigen Standorten ein rasches und ausdauerndes, ihr Fortkommen und ihre Erhaltung daher durchaus nicht gefährdet.

Wo wegen Mangels an alten Stämmen die Einmischung künstlich erfolgen soll, ist auch bei diesen Holzarten die Saat zu empfehlen, welche ebenfalls, wie bei der Eiche, in einfachster und billigster Weise ausgeführt werden darf.

Weder Esche noch Ahorn sind in ihren ersten Lebensjahren empfindlich gegen Beschattung, ebensowenig wird ihnen der für die Buche noch nicht hinreichend zersetzte Rohhumus gefährlich. Es ist daher zulässig, ihre Ansamung bereits im Vorbereitungsschlage vorzunehmen. Wo es sich aber um Einsprengung auf Lücken im Buchen-Jungwuchse handelt, da wird man zu kräftigen Heistern greifen müssen.

Zu den werthvollsten, seltensten und gesuchtesten Holzarten gehört die Elsbeere. Ihre Ansprüche an den Boden schränken die Gebiete ihres Anbaues außerordentlich ein; auf diesen aber, den kräftigsten Gebirgsböden, sollte ihre Nachzucht mit Ernst und Sorgfalt erstrebt werden; allein auf sich selbst angewiesen wird diese Holzart aus dem Walde nach und nach ganz verschwinden. Der Samen, so wie so schlecht laufend, fällt fast ausnahmslos mancherlei Thieren zum Raube, welche demselben mit größter Begier nachstellen; Gras- und Krautwuchs ersticken die anfänglich so sehr langsam wachsenden Pflänzchen.

Neben dem Mittelwalde ist der Buchen-Hochwald die geeignetste Heimstätte der Elsbeere. Sie bleibt freilich ein Baum geringerer Größe und vermag im Wuchse auch nicht annähernd mit der Buche sich zu messen, aber dennoch gedeiht sie im Hochwalde der letzteren, weil ihr Schatten- und Druckerträgniß, von keiner andern Holzart erreicht, sie befähigt, unter der vollen Beschattung des Buchen-Hochwaldes sich sehr lange zu erhalten und, wenn auch langsam, fortzuentwickeln. Daß sie unter solchen Umständen nicht zu starken Stämmen heranwachsen und den vollen Umtrieb des Bestandes nicht zu erreichen vermag, darf nicht Wunder nehmen, ist auch nicht nothwendig, da schon geringe Stärken dem Holze seinen vollen hohen Werth sichern. Die Elsbeere ist ein Objekt der späteren Durchforstungen, deren Gelderträge sie außerordentlich zu heben vermag. Da auf ihren überschatteten Standorten jede andere Holzart schon in frühster Jugend verschwunden sein würde, so ist alles, was an Elsbeeren sich vorfindet, der reine Gewinn, ein Ueberher, welches in keiner anderen Weise erzielt werden kann.

Pflanzung nach Erziehung in Saat- und Pflanzschulen bleibt das einzige Mittel, diese edle Holzart, deren Schwinden seitens so manchen Industriezweiges auf das Lebhafteste beklagt wird, zu erhalten und entsprechend wieder zu verbreiten. Ihr Schattenerträgniß gestattet es, sie schon frühzeitig in die Vorbereitungsschläge zu bringen und ihr damit einen immerhin durchaus erwünschten Vorsprung dem

Buchen-Jungwuchse gegenüber zu sichern. Je reichlicher die Einmischung, um so erheblicher die Material- wie Gelderträge der demnächstigen Durchforstungen.

Hainbuche, Birke und Aspe sind Gäste, welche sich von selber einzuladen pflegen, zu deren künstlichem Einbau wohl nur in seltenen Fällen Veranlassung vorliegen wird. Sie schaden häufig genug durch das Uebermaß ihres Auftretens, um so mehr, als sie sich früh- und vorzeitig in den Schlägen einfinden und breitmachen, von vornherein schon die Ansamung und Entwickelung der Buche erschwerend. Sie unter solchen Umständen gebührend in Schranken zu halten, ist oft nicht leicht, und Kosten werden damit in der Regel verknüpft sein. Wo Besenreiser ein gesuchter Artikel sind, stellt sich das Verhältniß hinsichtlich der Birke günstiger, und führt deren reichliche Ansamung rasch zu willkommenen Einnahmen. Auch Frostlagen können das überreiche Auftreten dieser Holzarten vorübergehend als wünschenswerth erscheinen lassen. Aber nur bis zur Wahrung der Integrität des Buchenbestandes darf die Beseitigung der Jungwüchse dieser Holzarten vorgehen; soweit diese durch letztere nicht gefährdet wird, sind auch sie willkommen, weil geeignet, die Erträge des Buchen-Hochwaldes wesentlich zu erhöhen.

Pierer'sche Hofbuchdruckerei. Stephan Geibel & Co. in Altenburg.